机械创新设计规律及方法研究

高勇伟　陆春晖　卢现军　著

U0305289

中国水利水电出版社
www.waterpub.com.cn
·北京·

内 容 提 要

机械创新设计关系整个社会的进步。本书系统地介绍了机械创新设计的创造原理、创新技法和知识产权运用,全书采用文字、图表及图文对照的形式,突出创新设计技术的一般规律,力求理论联系实际。

本书内容包括绪论、创新设计的思维、创造性原理、创新设计的技法、机构的创新设计、机械结构创新设计、反求创新设计、仿生创新设计、基于 TRIZ 理论的创新设计、机械创新设计实例分析。

本书结构合理,条理清晰,内容丰富,具有一定的可读性,可供从事机械制造的工程技术人员参考使用。

图书在版编目(CIP)数据

机械创新设计规律及方法研究/高勇伟,陆春晖,卢现军著.—北京:中国水利水电出版社,2019.6 (2024.10重印)
    ISBN 978-7-5170-7771-8

Ⅰ.①机… Ⅱ.①高…②陆…③卢… Ⅲ.①机械设计—研究 Ⅳ.①TH122

中国版本图书馆 CIP 数据核字(2019)第 127167 号

书　　名	机械创新设计规律及方法研究 JIXIE CHUANGXIN SHEJI GUILÜ JI FANGFA YANJIU
作　　者	高勇伟　陆春晖　卢现军　著
出版发行	中国水利水电出版社 (北京市海淀区玉渊潭南路 1 号 D 座 100038) 网址:www. waterpub. com. cn E-mail:sales@waterpub. com. cn 电话:(010)68367658(营销中心)
经　　售	北京科水图书销售中心(零售) 电话:(010)88383994、63202643、68545874 全国各地新华书店和相关出版物销售网点
排　　版	北京亚吉飞数码科技有限公司
印　　刷	三河市华晨印务有限公司
规　　格	170mm×240mm　16 开本　18 印张　323 千字
版　　次	2019 年 8 月第 1 版　2024 年 10 月第 3 次印刷
印　　数	0001—2000 册
定　　价	88.00 元

凡购买我社图书,如有缺页、倒页、脱页的,本社营销中心负责调换

前　　言

　　机械创新设计是指充分发挥设计者的创造力,利用人类已有的相关科技成果(含理论、方法、技术、原理等)进行创新构思,设计出具有新颖性、创造性及实用性的机构或机械产品(装置)的一种实践活动。

　　人类社会的进步与创新有密切的关系,离开了创新就不会取得发展。可见,创新是一个民族进步的灵魂,是一个国家兴旺发达的不竭动力。一个国家的创新能力决定了它在国际竞争和世界总格局中的地位,所以实施创新驱动发展战略,提高创新设计能力,势在必行,迫在眉睫。而人们在工作和生活中往往会形成一些固定化、模式化、习惯化的思维定势,这对于常规思考有利,但对创新会起到阻碍作用。所以,要想实现创新,就必须打破这种思维定势。

　　近几年来,尽管我们的创新能力提高很快,创新成果也很丰富,但与发达国家的差距还很大,在高科技领域中,很多关键技术还受制于人。正是在这样的背景下作者撰写了《机械创新设计规律及方法研究》一书。

　　本书系统地介绍了机械创新设计的创造原理、创新技法和知识产权运用,力求理论联系实际。本书共有10章,主要内容包括绪论、创新设计的思维、创造性原理、创新设计的技法、机构的创新设计、机械结构创新设计、反求创新设计、仿生创新设计、基于 TRIZ 理论的创新设计、机械创新设计实例分析。全书采用文字、图表及图文对照的形式,突出介绍创新设计技术的一般规律。

　　本书的鲜明特点体现在如下几个方面:

　　(1)以循序渐进、兼顾理论与工程应用的原则为出发点。本书内容讲解从概念出发,进而到设计理论,再到设计方法,并列举了具体的创新设计实例,有很强的实用性。

　　(2)在内容的组织安排上,力求由浅入深,逐层推进。按照学习顺序进行写作,先掌握概念,再掌握理论,最后掌握方法和技巧。

　　(3)采取突出重点、照顾全局的原则,注意共性与特性的分析,将设计内容和设计方法有机地融合在一起,同时加强了工程设计的训练。

　　在本书的写作过程中,作者参阅了大量文献资料,引用了有关参考书中的精华及许多专家、学者的部分成果和观点，书后以参考文献一并列出。在此特对有关作者致以真诚的感谢！鉴于机械创新设计内容涉及面广，加之作者水平有限，书中难免会有不足之处，恳请读者批评指正。

作　者

2019 年 3 月

目　　录

第1章　绪　论

创新，是近年来使用频率很高的词。虽然人们耳闻目睹，经常碰到，但它的具体含义是什么，创新又具有怎样的意义，何谓创新设计，何为机械创新设计等问题人们未必清楚，以下将分别探讨。

1.1　创新与社会发展

创新(innovation)起源于拉丁语，原意有三层含义：第一层含义是更新，第二层为创造新的东西；第三层指改变。例如，创新行为(innovate)、发明行为(invent)或创造行为(create)。

总之，"创新"就是把技术上的新发现、新发明、新创造与经济结合起来。人们现在经常讲到的各种创新，如知识创新、技术创新、管理创新、制度创新等，其实就是从广义上引用了这个概念。

创新是人类文明进步、技术进步和经济发展的原动力，我国科技人员经过艰苦创业，取得了"两弹一星"、高速粒子同步加速器、万吨水压机、超级水稻等多项重大科技成果，特别是实行专利制度和知识产权保护法以来，每年的发明成果数以万计。中国的联想集团、方正集团等企业，其创造的价值成倍地增长，充分显示出知识创新和技术创新在促进国民经济发展中起到的巨大作用。

1.2　创新教育与人才培养

1.2.1　创新教育概述

知识是创新的前提。联合国教科文组织的一份报告中说："人类不断要求教育把所有人类意识的一切创造潜能都解放出来。"即通过教育开发人的创造力,教育在创新人才培养中承担重要任务。

总体来说,21 世纪高等教育将呈现以下 5 个特点。

(1)教育的指导性。打破注入式教学模式,避免采用统一方式塑造学生,更加强调发挥学生的特长,促使学生自主学习。在这种模式的指导下,教师从传授知识的权威逐渐转变为指导学生的顾问。

(2)教育的综合性。教育的综合性强调的是综合运用知识,解决问题的综合能力的培养。

(3)教育的社会性。从封闭校园走向社会,由教室走向图书馆、工厂等社会活动领域,开展网络、远程教育。

(4)教育的终身性。由于知识迅速交替,由一次性教育转变为全社会终身性教育。

(5)教育的创造性。改变教育观,致力于培养学生创新精神,提高创造力。

创新教育是当前教育面对的重要问题。

(1)更新教育思想和转变教育观念。

(2)探索创新的人才培养模式。积极组织学生开展课外科技活动与社会实践,给学生创造一个良好的探究与创新的条件与氛围。

(3)注重教学内容的改革与更新。在教育中引入发明创造的观念。

(4)创新的能力是与知识同样重要的内容。开设机械创新设计课程不仅是传授一些创新技法,而且要激发学生的兴趣,让学生产生主动获取知识的愿望。

1.2.2 创新型人才的特点

创新型人才的特点如下。

(1)具有较高的智商。这是创新的先决条件之一。有时过高的智商反而会影响创新。因为在常规教育中成绩出类拔萃者,往往容易过于自负,听不进不同意见,妨碍去寻求更多的新知识。所以历史上很多的发明家,在常规教育中并不是成绩超群者。

(2)不惧权威与不谋权威。这样才能对权威的观点提出挑战,而且不谋自我形象和权威地位,这是创新型人才可持续发展和成功的重要特征,因为仅仅满足于以往的成就、不思进取往往会成为发挥创新作用的主要障碍。

(3)具有浓厚的探究兴趣。只有这样,才能容易发现问题、提出问题、解决问题,并形成新的概念,做出新的判断,产生新的见解。

(4)具备强烈的创新意识与动机和坚持创新的热情与兴趣。只有这样,才会把握机遇、深入钻研、紧追不舍,并确立新的目标、制定新的方案、构思新的计划。

(5)具备创新思维能力和开拓进取的魄力。只有这样,才能高瞻远瞩、求实创新、改革奋进,并开辟新的思路、提出新的理论、建立新的方法。

1.2.3 创新型人才的培养

1.2.3.1 培养创新意识

培养创新意识的方式如下。

(1)要唤醒、挖掘、启发、解放创造力。心理学研究表明,一切正常人都具有创造力,这一论断是 20 世纪心理学研究的重大成果之一。同时也发现,人的创造力通过教育和训练是可以提高的。

(2)要善于观察事物、发现问题。观察事物是指对事物及其发展变化进行仔细了解,并把其性质、状态、数量等因素描述出来的一种能力。

例如,图 1.1 所示的三条线段是等长的,但由于视觉的误差会认为中间的最长,上面的最短。

图 1.1 比较三条线段的长度

(3)应具备良好的创造心理。创造力受智力与非智力因素影响。智力因素包括观察力、记忆力、想象力、思考力、表达力、自控力等;非智力因素包括信念、情感、兴趣、意志、性格等。

1.2.3.2 掌握一些创新思维的方法,创新技术及技法

可以通过开设创造学,创新设计类的课程,使学生了解一些创新思维的特点,熟悉各种创新方法,这对培养学生的创新能力是很有帮助的。

1.2.3.3 加强创造实践

要设置一系列的实践环节,进行实践性的创造活动训练。在各类学校里,开设创新设计类课程,为学生创造一个良好的创新实践环境,培养和塑造学生的创新能力。

另外,各种课外科技活动竞赛,对大学生来说也是很好的创造实践活动,其中不少作品在学科中具有突破性的意义。

1.3 机械创新设计

1.3.1 机械创新设计概述

设计是人类改造自然的一种基本活动,是复杂的思维过程,设计的本质就是创新。通过设计,可以不断为社会提供新颖、优质、高效、物美价廉的产品。

1.3.1.1 机械创新设计的类型

根据设计的内容特点,一般将设计分为如下三种类型。

(1)开发性设计。在工作原理、结构等完全未知的情况下,运用成熟的科学技术或经过实验证明是可行的新技术,针对新任务提出新方案,开发设计出以往没有过的新产品。这是一种完全创新的设计。

(2)变型设计。在工作原理和功能结构不改变的情况下,针对原有设计的缺点或新的工作要求,对已有产品的结构、参数、尺寸等方面进行变异,设计出适用范围更广的系列化产品。

(3)适应性设计。在原理方案基本保持不变的前提下,针对已有的产品设计,进行深入分析研究,在消化吸收的基础上,对产品的局部进行变更或设计一个新部件,使其能更好地满足使用要求。

开发设计以开创、探索创新,变型设计通过变异创新,适应性设计在吸取中创新。无论是哪种设计,都要求将设计者的智慧具体物化在整个设计过程中。在创新设计的全过程中,创新思维将起到至关重要的作用,深刻认识和理解创新思维的本质、类型和特点,不仅有助于掌握现有的各种创造原理和创新技法,而且能促进对新的创造方法的开拓和探索。

1.3.1.2 机械创新设计的过程

机械创新设计基本过程主要由综合过程、选择过程和分析过程组成。图 1.2 所示为机械创新设计的一般过程,它分四个阶段。

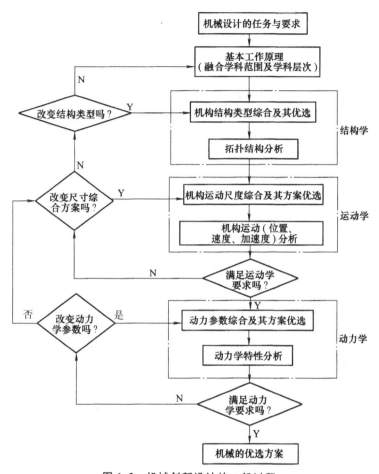

图 1.2 机械创新设计的一般过程

（1）确定机械产品的基本工作原理。它可能涉及机械学对象的不同层次、不同类型的机构组合，或不同学科知识、技术的问题。

（2）机构结构类型综合及其优选。结构类型综合及其优选，是机械设计中最富有创造性、最有活力的阶段，但又是十分复杂和困难的问题，它涉及设计者的知识、经验、灵感和想象力等众多方面，对机械产品整体性能和经济性具有重大影响。

（3）机构运动尺度综合及其运动参数优选。其难点在于求得非线性方程组的完全解或多解，为优选方案提供较大空间。随着优化法、代数消元法等数学方法被引入机构学，该问题有了突破性进展。

（4）机构动力学参数综合及其动力学参数优选。其难点在于动力参数量大、参数值变化域广的多维非线性动力学方程组的求解，这是一个亟待深入研究的课题。

完成上述机械工作原理、结构学、运动学、动力学分析与综合，便形成了机械设计的优选方案。而后，即可进入机械结构创新设计阶段。

1.3.1.3　机械创新设计的特点

设计的本质是创新，如测绘仿制一台机器，虽然其结构复杂，零件成百上千，但如果没有任何创新，不能算是设计；而膨胀螺栓，虽然只由三四个零件组成，结构也很简单，却有效地解决了过去不易将物体固定在混凝土墙上的难题，其构思和开发过程可称为设计。强调创新设计是要求在设计中更充分地发挥设计者的创造力，结合最新科技成果和相关知识、经验等，设计出实用性好、有竞争力的产品。创新设计的特点如下。

（1）独创性。机械创新设计的独创性要求设计者必须依靠在知识和经验积累基础上的思考、推理、判断，以及与创新思维相结合的方法，打破常规思维模式的限制，追求与前人、众人不同的方案，敢于提出新功能、新原理、新机构、新材料、新外观，在求异和突破中实现创新。

例如，美国能源部某国家实验室完成了一种超音速飞机的创新设计，这种代号为"超速飞翔"的飞机时速接近6700mile（1mile＝1609.344m），能在2h内由美国飞抵地球上的任何地点。"超速飞翔"的关键技术是飞机沿着地球大气层的边缘飞行时，像石块在水面上打水漂一样始终相对大气层做飞跃动作，以"打气漂"的方式在一定功率下提速，并保证机身在飞行时增加的热度低于一般超音速飞机。为更好地发挥"气楔"效应，其外形与常规飞机有较大的不同，如图1.3所示。

图1.3　"超速飞翔"飞机

（2）实用性。机械创新设计是多层次的，不在乎规模的大小和理论的深浅，因此创新设计必须具有实用性，纸上谈兵无法体现真正的创新。只有将创新成果转化成现实生产力或市场商品，才能真正为经济发展和社会进步服务。我国现在的科技成果转化为实际生产力的比例还很低，专利成果的实施率也很低，在从事创新设计的过程中要充分考虑成果实施的可能性，成果完成后要积极推动成果的实施，促进潜在社会财富转化为现实社会财富。

设计的实用性主要表现为市场的适应性和可生产性两个方面。设计对市场的适应性指创新设计必须有明确的社会需求，进行产品开发必须进行市场调查，若仅凭主观判断，可能会造成产品开发失误，带来巨大的浪费。

创新设计的可生产性指成果应具有较好的加工工艺性和装配工艺性,容易采用工业化生产的方式进行生产,能够以较低的成本推向市场。

(3)多方案选优。机械创新设计应尽可能从多方面、多角度、多层次寻求多种解决问题的途径,在多方案比较中求新、求异、选优。以发散性思维探求多种方案,再通过收敛评价取得最佳方案,这是创新设计方案的特点。

1.3.1.4 机械创新设计的相关关系

1.机械创新设计与常规机械设计的关系

在类型、用途、性能和结构等方面,尽管不同机械产品之间存在很大的差别,但它们所遵循的设计规律是相同的。

常规机械设计过程一般可分为4个阶段:

(1)机械总体方案设计,主要包括机构的选型与组合、运动形式的变换与组合,机构运动简图、传动系统图等的绘制。

(2)机械产品的运动设计,主要包括机构主要尺寸的确定、机械运动参数的分析、传动比的确定与分配等。

(3)机械产品的动力设计,主要包括动力分析、功能关系、真实运动求解、速度调节和机械的平衡等。

(4)机械产品的结构设计,主要包括绘制零件图、部件图和总装图。

机械创新设计特别强调人在设计过程中,尤其是在总体方案设计阶段中的主导性及创造性作用。创新度可用来衡量一个设计项目创新含量的深度和广度,创新度大,创新层次高;反之,创新层次低。例如,工程中的非标准件设计虽属常规设计范畴,却已含有较多的创造性设计成分。

2.机械创新设计与机械创造发明的关系

机械创新设计的核心内容就是要探索机械产品发明创新的机理、模式、过程及方法,并将它程式化、定量化乃至符号化、算法化,以提高设计的可操作性。

随着机械系统设计、计算机辅助设计、优化设计、可靠性设计、摩擦学设计、有限元设计等现代设计方法的不断发展,以及认知科学、思维科学、人工智能、专家系统及人脑研究的不断深入,机械创新设计受到专家学者的高度重视。一方面,认知科学、思维科学、人工智能、设计方法学、科学技术哲学等已为机械创新设计提供了一定的理论基础及方法;另一方面,机械创新设计的深入研究及发展有助于揭示人类的思维过程、创造机理等前沿课题,反过来促进上述学科的发展,实现真正的机械设计专家系统及人工智能。因此,机械创新设计承担着为发明创造新机械产品和改进现有机械产品性能提供正确有效理论和方法的重要任务。

综上所述,机械创新设计是建立在现代机械设计理论的基础上,吸收科技哲学、认知科学、思维科学、设计方法学、发明学、创造学等相关科学的有益成分,经过交叉而形成的一种设计技术和方法。

3. 机械创新设计与社会发展的关系

杨叔子院士在不同场合多次提到:"机械很重要,创新很重要,设计很重要",由此自然可以得到"机械创新设计"很重要的结论:之所以很重要,主要是机械创新设计与社会的发展有着紧密的关系。

(1)机械创新对人类社会发展的作用。人类社会发展的历史实际上是一部不断创新和创造的历史。燧人氏发明"钻木取火",使人类摆脱了茹毛饮血的原始人生活.从此吃上烧熟烤香的食物。钻木取火的装置实际上就是一种简单的机械。五千年前我国已开始使用简单的纺织机械;晋朝时在连机椎和水碓中应用了凸轮原理;西汉时应用轮系传动原理制成了指南车和记里鼓车;东汉张衡发明的候风地动仪是世界上第一台地震仪。目前许多机械中仍在采用的青铜轴瓦和金属人字圆柱齿轮,在我国东汉年代的文物中都可以找到它们的原始形态。汉代有种马车,车上站着的木人手中握有鼓槌。马车每驶至一定里程,木人就会挥动鼓槌,敲响前方的小鼓,古代称为记里鼓车。它的工作原理很简单:木人手上通过线连着一个齿轮,齿轮又连着另一个齿轮,形成一套减速齿轮组。齿轮组连着车轮,车辆起动,车轮就带动齿轮组,齿轮组带动木人,当到达一定里程时木人就会敲鼓。人们很容易将指南车与指南针相混淆,其实二者虽然都有"指南"二字,但科学原理却完全不同。指南针是利用了磁铁或磁石在地球磁场中的南北极性而制成的指向仪器,而指南车的原理是车上装有一套差动齿轮装置。当车辆左、右转弯时,车上可以自动离合的齿轮传动装置就带动木人向车辆转弯相反的方向转动,使木人的手臂始终保持指向南方。

英国发明家瓦特发明蒸汽机改变了人类以人力、畜力、水力作为动力的历史,使人类进入蒸汽机时代。引发了第一次工业革命。从丹麦人奥斯特1820年发现的电流磁效应现象,到英国科学家法拉第于1831年10月的实验中总结出著名的电磁感应定律,他们的创造为发电机、电动机、变压器的发明问世奠定了理论基础,人类由此进入了电气时代。世界著名的发明家爱迪生,一生完成了2000多项发明,从他16岁发明自动定时发报机算起,平均每12.5天就有一项发明。其中留声机、电影机、电车、打字机等都与机械装置有关。这些发明对人类现代文明做出了巨大的贡献。

（2）机电一体化是提高机械创新水平的重要途径。目前，机械、电子、计算机和自动控制等技术有机结合成一门复合技术，即机电一体化系统。经过不断的发展，机电一体化系统已深入到各个领域，在近几年的机械工业引起了许多深刻的变革。

采用机电一体化技术后，原采用机械传动系统来连接各个相关执行构件协调动作，可以改用几台电动机分别驱动，用电子器件、微机来控制各执行构件的动作，完成工艺动作过程。例如，一台微机控制的精密插齿机，可以节省齿轮等传动部件约30％；用单片机控制针脚花样的电脑缝纫机，比老式缝纫机减少了300多个机械零部件。通过微机控制系统可以精确地按照预先给定量，使相应的机械动作中各种干扰因素造成的误差进行自动校正、补偿，从而达到单纯机械方法实现不了的加工工艺精度，如微机控制的精密插齿机加工的圆柱齿轮的精度，可以比原插齿机提高一个精度等级。采用微机控制系统可以实现一台机器各个相关传动机构的动作及它们的功能的协调关系，实现机器操作的全部自动化。例如，数控机床加工零件时，被加工零件的工艺过程、工艺参数、机床运动要求，用数控语言记录在数控介质上，然后输入到数控装置。再由数控装置控制机床运动，从而实现加工自动化。

机电一体化技术的广泛应用，必然对机械运动方案的构思与拟订带来很大的影响，可以使所设计的机器更趋完善、合理。

最后需要说明的是，无论是采用机械控制系统还是电子控制系统，最终的执行机构通常还是机械装置。所以说机械创新设计是创新设计中最基本的内容。

1.3.2 机械创新设计的性质及目的

机械创新设计的目的是培养学生的创新意识和创新思维习惯，拓宽知识面，扩大视野，掌握创新原理、创新技法及机械创新设计的一般方法，使其初步具有创造性地解决工程实际问题的能力，以便能更好地胜任机械产品创新设计工作。因此，作为创新活动的主体，我们一方面要学习创造的基本知识、方法，这是从事一切创新活动的基础；另一方面要学习掌握机械领域内产品创新的基本知识、方法，并善于分析和借鉴他人的成功案例。

实践是最好的老师，积极参与创新设计实践比熟记各种创新设计理论更重要。"机械创新设计"课程的主要教学目的是通过课程教学，消除学生对创新实践的神秘感，提高其参加创新实践活动的兴趣和自信心，鼓励其积极参加各种形式的创新实践活动。

1.3.3　机械创新设计研究的内容及特点

"机械创新设计"是机械设计学、发明学、创造学、设计方法学等多学科交叉形成的一门课程。作为一种新的设计理论、技术和方法,其理论体系有待专家们在总结机械创新设计实践的基础上逐步构建与完善。

机械创新设计研究的内容分为四大部分:一是创新设计的基础部分;二是机械创新设计部分;三是 TRIZ 创新理论及应用部分;四是机械创新设计实例分析部分。其中,创新设计的基础部分,包括创造学的基础知识、创新思维、创新原理、创新技法;机械创新设计部分,包括机构的创新设计、机械系统方案设计的创新、机械结构的创新设计、机械产品反求设计与创新;TRIZ 创新理论及应用部分,包括 TRIZ 发明问题解决理论概述、利用技术进化理论实现创新、设计中的冲突及其解决原理、计算机辅助创新设计简介、TRIZ 理论的发展趋势;机械创新设计实例分析部分,主要介绍了自行车的发明与创新设计、多功能齿动平口钳的创新设计、饮料瓶捡拾器的创新设计、省力变速车用驱动机构的创新设计、电动大门的创新设计、手推式草坪剪草机的创新设计、冲制薄壁零件压力机的创新设计、蜂窝煤成形机的创新设计等创新案例。

机械创新设计研究的特点如下:

(1)内容的现代化。注意引入本学科最新动态和科研成果,以及本研究所涉及的理论在技术中的应用,充分反映现代科学技术的最新进展。

(2)适应性强。编入的新理论、新技术、新方法特别注重实用性,既能满足培养学生创新意识和创新能力的要求,又能满足为建设创新型国家培养高素质应用型人才的需要。

(3)具有灵活性。本研究的体系和结构能适应现代科学技术发展的需要,可以根据需要随时增加新内容、新成果。

(4)重视理论与实践的结合。本研究引入了创新设计案例,除了可以有效帮助理解和掌握基本理论知识外,对工程意识和创新能力的提高也有显著作用。

1.3.4　机械创新设计的意义

1.3.4.1　创新的关键在于人,创新者需要正确认识创新

任何活动都离不开人,创新也不例外。创新的关键在于人,创造活动需

要富有创造力的人员,而创造力是人皆具有的能力,每个人都具有无限的创造潜能,明白此理能增强将自己培养成为创新人才的信心。

对创新的正确认识,这是创新的前提与先导,否则创新设计就无从谈起。虽然"创新"一词到处可见,但是一说到创新,不少人还是会想到创造、发明,进而与科学家、发明家联系起来,认为创新与自己没多大关系,这是一个极大的误解。创造力人人皆有,尽管创新分为不同的层次,但它与我们每个人息息相关,并不是少数大人物的专利,普通人一样可以有所作为。这一点不容置疑。

还有人认为创新就是追求新颖新奇,越是新奇怪诞,创新程度就越高,这种理解有失偏颇。新颖性是创新的一重要特征,但不是创新的唯一特点,创新更重要的是实用性,要很好地解决实际问题,即应以最少的投入、最简洁的方式解决问题。以产品设计为例,若能以较少的零件、简单的结构、最低的成本等实现产品设计的各项功能,则此设计是好的创新。有人说:最有效的创新都简单得惊人。其实,一项创意所能得到的最高褒奖就是别人说一句:"这个一看就懂,我怎么没有想到呢?"当然创新不是说新颖性不重要,立足于解决问题的创新通常自然具备新颖性。

对创新的正确认识很重要,所谓创新是相对人们的惯性、常规的解决问题方式而言的,它以新颖独特的方式智慧地解决问题,这类问题一种情况是用常规方式无法解决;另一种情况是用常规方式解决效果不理想。设计产品如此,其他活动也如此。

例如,人们在工作或生活中碰到一些事情,按常规的方式不好处理,如果能够尝试进行创新思考,换一个角度解决问题,结果往往出乎意料,令人耳目一新。

如德国物理学家威廉·康拉德·伦琴在 1895 年发现了 X 射线。有一天,伦琴收到一封信:"伦琴先生,听说您发明的 X 射线可以透视人体。最近我的胸部有些发闷,我想检查一下我的胸腔是不是有问题,请给我邮寄一些 X 射线过来。"伦琴立即回信:"亲爱的先生,我们暂时还不能办理 X 射线的邮购业务。若方便的话,请您把您的胸腔邮寄过来。"

1.3.4.2 学习创新思维的方法和创新技法,逐渐培养创新思维的习惯

只具有创新的见解和认识还是不够的,创新设计等活动成功与否,很大程度上取决于思维方式,如果我们在解决问题时仍沿用原有的固定思考模式,跳不出原来的习惯,则很难有所创新。故需要学习创新思维的方法和创新技法。若能够掌握常用的创新思维方法,即可扩展思维格局,打破思维的

封闭性，就可以自觉克服惯性思维和偏见思维对创新的消极作用。

创新思维的习惯需要通过学习并长期反复训练才能养成。我们每个人经过长期的反复自觉不自觉的练习，随着经验的积累、知识的增加，会对常见的事物或问题产生一种熟悉的认识和看法，形成个人的一种固定思考模式。心理学称之为"功能的固着"（Functional Fixed，形容很难摆脱传统习惯方式的思维现象)，又称思维定式，或思维惯性。这些习惯思维方式不能全盘否定，它既有积极的意义，也有负面性。如在解决同类或相似问题时，惯性思维能省去很多摸索、试探的步骤，缩短思考的时间，提高思考的质量和成功率。但在解决碰到的新问题，或对已熟悉的问题寻求新的解决方案时，若仍沿用以前惯性思维方式思考，将会陷入旧思考程序框中。

思维定式形成的"心理障碍"在解决问题中是不可取的，尤其是在创造中，它极大地影响和抑制了创意的产生。若要建立一套与以往不同的创新思维方式、处理问题方式，必须借助一定的方法，单靠我们自发地培养创新的意识、习惯，对大多数人而言，是非常困难也是不太现实的。为此，人们总结出一些创新思维方法和创造技法，以帮助创造活动者提升创新水平和提高创造效率，这些思维方式与创造技法是帮助人们破除惯性思维的有力工具。

1.3.4.3　加强创新实践

学习创新思维方法、创造技法，并且学习机械产品创新的相关基本知识（如机构创新设计、结构设计、创新设计案例等)，对于机械产品的设计是非常重要和必需的。本书的目的是培养设计者的创造力、创造性解决工程实际问题的能力，为设计出具有实用性、经济性，并为用户所欢迎的机构或机械产品打下良好基础。

将创新与实践相结合，创新设计知识只有与实践结合，应用于实践，使设计者得到实际锻炼，才能培养并逐渐提升其创造力。

第2章 创新设计的思维

创造发明的源泉是人类的创造性思维。在机械创新设计过程中,设计者需要掌握与认识创造性思维的特点、本质、形成过程与其他类型思维的关系,以及创造性思维与创造原理、创造技法的关系等。

2.1 思维及类型

2.1.1 思维的定义与特性

思维,不同的人从不同的角度观察有不同的理解。恩格斯从哲学角度提出了思维是物质运动形式的论点;在现代心理学中,有人认为"思维是人脑对客观现实概括和间接的反映,它反映的是事物本质与内部规律";在思维科学中,有人把思维看作是"发生在人脑中的信息交换"。尽管不同学科对思维含义的表达各不相同,但综合起来,思维可定义为人脑对所接受和已储存的来自客观世界的信息进行有意识或无意识、直接的或间接的加工处理,从而产生新信息的过程。

思维具有以下特性:

(1)思维的间接性和概括性。思维的结果之一是反映客观事物的本质属性和内部联系,这就需要思维具有间接性与概括性的特点。思维的间接性指的是借助已有的知识和信息,凭借其他信息的触发,去认识那些没有直接感知过的或根本不能感知到的事物,以及预见和推知事物的发展进程。如水分子由两个氢原子和一个氧原子构成,凭感觉和知觉是不能获得的,人们须凭借已有知识,通过思维把它揭示出来,这就是思维的间接性。

思维的概括性指的是略去不同类型事物的具体差异,而抽取其共同本质或特征加以反映。例如,不管齿轮模数、齿数、材料、结构如何不同,齿轮正常承载工作均需满足 $\sigma \leqslant [\sigma]$(即应力≤许用应力)这一条件,$\sigma \leqslant [\sigma]$ 即为人们概括出的设计准则。再如,不论形状、大小、位置、颜色是否相同,人们将一组对边平行,另一组对边不平行的四边形概括成一类,称为梯形。

(2)思维的多层性。从思维的定义可知,思维是多层次的,有低级和高级、简单和复杂之分。有对客观实体的表象认识,也有对事物的本质及内部规律的深刻认识,还有能够产生新的客观实体的思维。如对同一事物的认识,一个人 7 岁时的思维和 40 岁时的思维是不同的。

(3)思维的自觉性和创造性。思维的自觉性和创造性有三层意思:其一,对同一事物,不同人思维的效能有一定的差异,原因在于各人自主思维的差异;其二,从人脑对事物的认识、感知来说,只要给人脑一定的外部触发,其生理机理、大脑神经网络会在无意之中(有时在梦中,有时在休闲中)突然爆发出新的信息,解决了某一悬而未决的问题,实现从感性认识到理性认识的飞跃;其三,思维的结果可产生出未曾有过的新信息,因而具有创造性。

2.1.2　思维类型

思维类型是指具有共同特征的思维方式、方法和过程的总称。对于思维,列宁曾说过,人的认识活动(思维)客观上存在三个要素,即认识主体(人脑)、认识对象(自然界)和认识工具(思维方式)。从这个角度出发,可将思维类型划分如下:

(1)思维对象起主要作用的思维。如具体形象思维,以右半脑为主。

(2)思维方式起主要作用的思维。如发散、收敛、抽象、动态、有序思维等,以左半脑为主。

(3)思维主体起主要作用的思维。如直觉、灵感(创新)思维等。

思维的本质是通过思维主体、思维对象、思维方式三要素的有机结合来认识客观实体的。因此,不同类型的思维不是截然分开的,而是相互联系、相互依存的。

2.1.2.1　形象思维与抽象思维

1.形象思维

形象思维也称具体思维或具体形象思维,是人脑对客观事物或现象的外在特点和具体形象的反映活动。联想是通过对一种事物的感知引起对与之相近或相似事物的感知或回忆的过程。想象则是将一系列的有关表象融合起来,构成一幅新表象的过程,是创造性思维的重要组成。

2.抽象思维

抽象思维又叫逻辑思维,是凭借概念、判断、推理而进行的、反映客观现实的思维活动。概念是单个存在的。如"人"是一个概念,包括男人、女人、胖人、瘦人、伟人、凡人等,这些实体区别于其他动物的本质特性是可以制造和使用工具进行劳动,将这些共同特性概括起来,便可获得"人"的概念——能制造工具并能熟练使用工具进行劳动的高等动物。判断是两个或几个概念的联系,推理则是两个或几个判断的联系。

形象思维与抽象思维是认识过程中不可分开的两方面,彼此互相联系,互相渗透。进行科学研究时,先从具体问题出发,搜集有关的信息或资料,凭借抽象思维,运用理论分析进行处理,进而在实践中转化为高级的具体思维。

2.1.2.2　发散思维与收敛思维

1.发散思维

发散思维又称辐射思维、扩散思维等,是一种求出多种答案的思维形式。发散思维是从给定的信息中产生众多的信息传输,即看到一样想到多样或看到一样想到异样,并由此导致思路的转移和跃进。

发散思维是创造的出发点,是构成创造性思维的基本形式之一,只有具有良好的发散性思维习惯,才能拥有丰富的思维和众多的目标,为最佳创造打下良好的基础。正如美国罗杰·冯·欧克博士所说,当你瞧见墙壁上有一个小黑点时,能够由此想到那是掉在餐桌上的一粒芝麻,是盘旋在空中的一架直升机,是白纸上的一个疵点,是漂浮在牛奶中的一片茶叶,是航行在海洋中的一艘巨轮,是皮肤上长的一个斑疵,是洒在衬衫上的一滴墨汁,是击穿车厢的一个弹孔,是宇宙中的一颗星星,是落在窗户上的一只昆虫,是木板上的一个钉眼,是田野上的一眼井等,这就是发散性思维由一物思万物的结果。

发散思维也是众多创造原理和创造技法的基础,如变性创造原理、移植与综合创造原理、联想类比创造技法、转向创造技法、组合创新法等都源于发散思维。能否从同一现象、同一原理、同一问题产生大量不同的想法,这一点对发明创造具有十分重要的意义。文学上,对同一景象的不同描写;技术上,对同一原理的不同应用;课堂上,对同一问题的不同解释。这些都来自于对同一事物的不同思想,其结果体现了人的创造性。

例 2.1:冷拔钢管工艺中的新型堵头创新设计。

冷拔钢管工艺是一种无切削冷作强化形变制管技术。生产中的关键技术是:①在钢管的一端放入堵头,夹头咬住堵头;②慢速冷拔;③方便取出堵头。

生产中常因夹头咬紧力大小不均及钢管壁厚不均等原因,造成管端"咬死"或"拔断"等现象,使堵头较难取出。为此,设计人员使用基于发散思维的相似诱导移植创新法,突破堵头直径在冷拔作业时不能变的思维定式,设计出了具有变径功能的新型堵头。

图2.1所示的胀缩式堵头由两瓣内侧具有楔形面、外形为非完整半圆柱面的活动块1,通过轴销2连接而成。其工作原理:冷拔前,堵头呈缩径状态[图2.2(a)];工作时,堵头外径变大[图2.2(b)];冷拔后,堵头外径缩小,可使堵头顺利取出[图2.2(c)]。

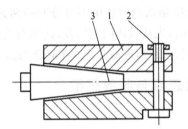

图2.1　新型胀缩式堵头简图

1—活动块;2—轴销;3—锥形芯块

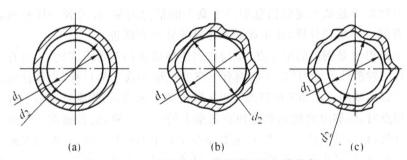

图2.2　新型堵头与管端的三种位置状态

2.收敛思维

收敛思维又称集中思维、求同思维,是一种寻求某种最佳答案的思维形式。收敛思维是挑选设计方案时常用的思维方法和形式。收敛思维的具体收敛过程是一种逻辑思维过程,收敛思维的常用方法有目标识别(注意)法、间接法、由表及里法、聚焦法等。

形态分析创新技法是发散思维与收敛思维有效结合的具体应用之一。例如,一个问题可分解为3个基本参数,第1个参数有2个方案,第2个参数有3个方案,第3个参数有4个方案,则总方案的数量为2×3×4＝24。在多种方案中确定哪些方案是可行的,并对所有可行的方案进行研究、比较、评价,找出最佳方案。这个收敛过程是非常重要的。

2.1.2.3　动态思维与有序思维

1.动态思维

动态思维是一种运动的、不断调整的、不断优化的思维活动,也是人们在工作和学习过程中经常用到的思维形式,由联想思维方法、归谬思维方法、类比思维方法、可能性与选择思维方法等组成。动态思维能够根据不断变化的环境、条件来改变思维秩序和思维方向,对事物进行调整、控制,从而达到优化的思维目标。

可能性与选择思维方法是美国心理学家德波诺归纳提出的一种动态思维方法。当人在思考时,要将事物放进一个动态环境或开放系统来加以把握,看到事物在发展过程中存在的诸种变化或可能性,以便从中选择出对解决问题有用的信息、材料和方案。那些江湖上的算命先生从反面给我们提供了实例,他们久在社会,熟知人情世故,对事物发展的可能性与选择的信息掌握得多,判断能力较一般人强,善于使用动态思维技巧作出令人们易于接受的分析、判断,甚至提供一些相对模糊和弹性系数较大的"解决方案""消灾方法"等。

2.有序思维

有序思维是一种按一定规则和秩序进行的有目的的思维方式,它是众多创造方法的基础。如奥斯本的校核表法、5W2H 法、十二变通法、归纳法、逻辑演绎法、信息交合法、物场分析法、TRIZ 法等都是有序思维的产物。

例 2.2:TRIZ 法解决过定位问题。

TRIZ 法是与物场分析法类似的创造技法,图 2.3 所示为用 TRIZ 法解决问题的实例。

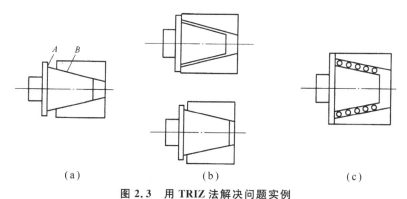

（a）　　　　　　　　　　（b）　　　　　　　　　（c）

图 2.3　用 TRIZ 法解决问题实例

在图 2.3(a)中,加工中心刀具刀体部分的锥度为 7/24。为了保证加工精度及刚性,必须让刀体的圆锥面 *B* 与主轴锥孔及刀体法兰端面 *A* 与主轴端面同时接触。但是,在实际操作中,要让这两者同时接触是很难实现的。造成这种情况的原因为:①刀体法兰端面与主轴端面接触造成刀具径向位置无法确定;②刀体的锥体部分与主轴锥孔接触而刀体法兰端面与主轴端面不能接触,造成轴向刚性不足,见图 2.3(b)。

图 2.3(c)(美国的一项发明专利)是利用 TRIZ 法解决该问题的一种常见的方案。通过改变刀体圆锥面,使其与主轴锥孔不是以整个圆锥面的形式接触,而是以多数点的形式接触,用精密加工方法制造出来的具有适度刚性的小球构成刀体的圆锥面,从而实现刀体的圆锥面和法兰端面与主轴的锥孔面和端面同时接触。

2.1.2.4 直觉思维与创造性思维

1. 直觉思维

直觉思维是一种非逻辑抽象思维,是创造性思维的一种主要表现形式。直觉思维能够使人脑基于有限的信息,调动已有的知识积累,摆脱惯常的逻辑思维规律,对新事物、新现象、新问题进行直接、迅速、敏锐的洞察和跳跃式的判断。想象思维法、笛卡儿连接法及模糊估量法等思维方法都与直觉思维有密切关系。

在人类创造活动中,人们可以容易地找到直觉思维的踪迹。例如,法国医生拉哀奈克有一次领小孩到公园玩跷跷板时,发现用手轻轻叩击跷跷板,叩击的人自己听不见声音,而在另一端的人却听得很清楚。这时他突然想到,如果做一个喇叭形的东西贴在病人身上,另一端做小一点塞在医生耳朵里,则心脏的声音听起来就会清晰多了。于是,第一个听诊器诞生了。

2. 创造性思维

创造性思维是建立在前述各类思维基础上的、人脑机能在外界信息激励下,自觉综合主观与客观信息产生新的客观实体(如文学艺术的新创作、工程技术领域中的新成果、自然规律或科学理论的新发现等)的思维活动与过程。创造性思维具有综合性、跳跃性、新颖性、潜意识的自觉性、顿悟性、流畅灵活性等特点。

创造性思维既是一种思维形式,又是加工信息的一种高层次的人脑功能,下至童稚之幼,上至耄耋之老,人人都有这种功能,它是人类生命本身的属性。

2.2 创新思维的形成与发展

2.2.1 创新思维的形成过程

首先是发现问题、提出问题,这样才能使思维具有方向性和动力源。发现一个好的问题,才能使人的思维更有意义和价值。科学发现始于问题,而问题是由怀疑产生的,因此生疑提问是创新思维的开端,是激发出创新思维的方法。

在问题已经存在的前提下,基于脑细胞具有信息接收、存储、加工、输出四大功能,创新思维的形成过程大致可分为四个阶段:存储准备阶段、悬想加工阶段、顿悟阶段、验证阶段。

2.2.1.1 存储准备阶段

大脑的信息存储和积累是诱发创新思维的先决条件,存储得越多,诱发得也越多。在准备阶段,应该明确要解决的问题,围绕问题收集信息,使问题与信息在脑细胞及神经网络内留下印记。

任何一项创新和发明都需要一个准备过程,只是时间长短略有差异。收集信息时,资料包括教科书、研究论文、期刊、技术报告、专利和商业目录等,而查访一些相关问题的网站,或与不同领域的专家进行周密的讨论,有时也会有助于收集信息。

2.2.1.2 悬想加工阶段

在围绕问题进行积极的探索时,人脑能超越动物脑机能,不会仅仅只停留在反映事物的表面现象及其外部联系上,还会根据感觉、知觉、表象提供的信息,认识事物的本质,使大脑神经网络的综合、创新能力具有超前力量和自觉性,使它能以自己特殊的神经网络结构和能量等级把大脑皮层的各种感觉区、感觉联系区、运动区都作为低层次的构成要素,使大脑神经网络成为受控的、有目的自觉活动。

悬想加工阶段具有潜意识参与的特点。对创新主体来说,在整个阶段中并不需要做什么有意识的工作,需要解决的问题此时处于被搁置的状态。当然问题只是暂时性表面搁置,大脑神经细胞在潜意识指导下会继续朝最佳目标进行思考,因而这一阶段也常常称为探索解决问题的潜伏期或孕育阶段。

2.2.1.3　顿悟阶段

顿悟阶段称为真正创造阶段。经过充分酝酿和长时间思考后,思维进入豁然开朗的境地,从而使问题得到突然解决,正所谓"众里寻他千百度,蓦然回首,那人却在灯火阑珊处"。这种现象在心理学上称为灵感,没有苦苦的长期思考,灵感绝不会到来。

进入这一阶段,问题的解决一下子变得豁然开朗。在这一阶段中,解决问题的方法会在无意中忽然涌现出来,而使研究的理论核心或问题的关键明朗化,其原因在于当一个人的意识在休息时,他的潜意识会继续努力地深入思考。

顿悟阶段作为创新思维的重要阶段,这一阶段又可以分为客观和主观两方面原因。客观原因是重要信息的启示和艰苦不懈的探索;主观原因则是在酝酿阶段内,研究者并不是将工作完全抛弃不理,只是未全身心投入去思考,从而使无意识思维处于积极活动状态。不像专注思索时思维按照特定方向运行,这时思维范围扩大,多神经元之间的联络范围扩散,多种信息相互联系并相互影响,从而为问题的解决提供了良好的条件。

2.2.1.4　验证阶段

在已经产生许多构想后,必须通过评估缩小选择范围,以获得具有最大潜在利益的方案。对假设或方案,通过理论推导或者实际操作,来检验它们的正确性、合理性和可行性,从而付诸实践。也可能把假设方案全部否定,或对部分进行修改补充。创新思维不可能一举成功。

例如,渐开线环形齿球齿轮机构的发明就是一个典型实例。20 世纪 90 年代初期,我国一位科研工作者在研究国外引进的一种喷漆机器人的柔性手腕时,发现这种手腕机构中采用了一种离散齿球齿轮,仔细分析后发现这种球齿轮存在传动原理误差和加工制造困难两大缺陷,因而仅限于用在对误差不敏感的喷漆机器人上。能否发明一种新机构,来克服这两大缺陷呢?他为此苦思冥想了近一个月也未能取得实质性的突破,满脑子昼夜想的都是新型球齿轮,几乎到了一种痴迷的境界。1991 年 10 月 2 日,大约在凌晨 3 点钟,在迷迷糊糊、半睡半醒的状态下,他大脑中突然冒出了一个新想法:将一个薄片直齿轮旋转 180° 不就得到了一种新型球齿轮吗?惊喜中,他立刻翻身起床,拿出绘图工具,通宵完成了新型球齿轮的结构设计工作,第二天送到工厂加工。试验结果验证了这一灵感的正确性,于是一种首创的渐开线环形齿新型球齿轮就这样诞生了。

2.2.2 创新思维的培养与发展

虽然每个人都有创新思维的生理机能，但一般人的这种思维能力经常处于休眠状态。生活中经常可以看到，在相似的主、客观条件下，一部分人积极进取，勤奋创造，成果累累；一部分人惰性十足，碌碌无为。学源于思，业精于勤。创造的欲望和冲动是创造的动因，创新思维是创造中攻城略地的利器，两者都需要有意识地培养和训练，需要营造适当的外部环境刺激予以激发。

2.2.2.1 潜创造思维的培养

潜创造思维的基础是知识。普通知识能开拓思维的视野，扩展联想的范围，是创新的必要条件。专门知识则与想象力相结合，是通向成功的桥梁，是创新的充分条件。潜创造思维的培养就是知识的逐渐积累过程，知识越多，潜创造思维活动越活跃，所以学习的过程就是潜创造思维的培养过程。

2.2.2.2 创新涌动力的培养

存在于人类自身的潜创造力只有在一定的条件下才能释放出能量，这种条件可能来源于社会因素或自我因素。社会因素包括工作环境中的外部或内部压力；自我因素主要是强烈的事业心，两者的有机结合，构成了创新的涌动力。所以，创造良好的工作环境和培养强烈的事业心是激发创新涌动力的最好保证。

2.2.2.3 思维定式的破除

创新思维的障碍很多，主要有思维定式、功能固着等。其中思维定式是指人们习惯于按已有的固定模式，机械地再现或套用过去的"正确思路"或"成功经验"去解决新问题。功能固着是指个人受到经验功能的局限，对事物功能狭隘化，不能发现认识事物更多潜在可能的功能，或创造性地思考事物的功能。

2.3 创新思维训练

人类的创造是原型上的除旧布新和突破原型的创造，突破原型的目的不是创造别的事物,而是创造不同原型的同类事物。

突破原型是对某种事物的重新创造。只有从根本上改变某种事物的原理或结构、形式或内容、材料或成分,才能作出这种创造。传统的电锯加工木料时,有 10% 的木料变成木屑。英国北爱尔兰一家锯木厂,研制出一种新的加工木料的设备,用这种设备切割木料不会产生木屑,而其速度比目前最快的电锯还要快 3 倍。这种"锯"切割木料时,锯片本身不移动,而是利用滚筒将木料以极快的速度从锯上推过。从锯开到挤开,从有屑到无屑,这就是在锯上实现的突破原型的创造。只有不断创造,才能突破原型,才能不断前进。

创新发明并不难,只要肯动脑筋。很多的发明都是在不经意间思考出来的。人类因为有梦想,所以有了各种各样的发明创造。因为想飞得更高,所以发明了飞机;因为想听得更远,所以发明了电话……生活是这些发明创造的源泉,生活中的一点一滴总是能激起人们创造的灵感。让我们更多地注意生活中的细节,抓住每个机会,让我们的梦想插上思考的翅膀,飞向更美好的未来。

对于一件习以为常的物品,大多数人不会去仔细琢磨它的优缺点,就这样发明就从我们身边溜走了。甚至科学家也有这类遗憾:法国化学家维勒曾发现过铝和铍两种化学元素,并从无机物中合成了两种有机物——草酸和尿素,举世瞩目,可是他在创造发明上也有过失误,1830 年,维勒在研究墨西哥出产的一种褐色铝矿石时,发现了一种带红色的金属化合物。开始,他猜想这可能是一种未知的新金属,打算进一步分析下去,但又转念一想,这种金属也可能是铬,因为铬的化合物大多呈红色,因此就没有刨根究底,失去了发现一种未知新金属的机会。

2.3.1　缺点列举法训练

"缺点列举法"是一个极为普遍而又极为重要的应用方案设计技法。当人们对某个事物存在的某些观点产生不满,就会把缺点一一列举出来,加以克服,这样就会有所发明有所创新。例如,尽可能多地列举出玻璃杯的缺点:容易碎;比较滑;盛开水后手摸上去很烫手;容易沾上脏物;有了小缺口会划破手;容易翻倒;活动时带在身边不方便;倒上热水后很容易凉;成套的玻璃杯花色相同,喝水人稍不注意就分不清自己所用的杯子;有些鼻子较高的人用普通玻璃杯喝水,杯沿压着鼻子会感到不舒服……,对上述缺点进行分析后,加以改进就能够发明出新型玻璃杯。

2.3.2　希望点列举训练

希望点列举就是把对某个事物"如果是这样就好了"之类的想法都列举出来。如有图 2.4 所示的那样的结构就好了,是否看起来有立体感;具有几个人都可同时分别看的电视机装置;想看的频道节目会自动出现;拍摄的东西想看时就会在电视中出现;能够看到全世界的节目;观看时可以调节画面的宽度;可以通过意念遥控选择节目;画面有香味;像磁带一样,想看可以随时重放等。

图 2.4　希望点列举

2.3.3　图形想象训练

尽可能多地构思出什么东西与下面图形(图 2.5)相像。例如,蚊香、漩涡、指纹、葱油饼上的细纹、卷尺、牛粪、唱片上的纹路、卷起来的纸筒截面、草帽顶上的细纹、对数螺线……

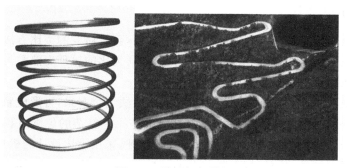

图 2.5　图形想象训练

2.3.4 想象性绘画训练

能否用简单的线条或场景表达"害怕""激动""喜欢""痛苦""静思""阴险""异想天开""甜蜜的梦""胆战心惊""莫名其妙""愤怒"这些词的意义。

2.3.5 联想训练

联想是指由当前见到的事物表象或动作想到另一事物的表象或动作。平时积累的知识越多、经验越丰富的人,联想能力就可能越强,联想的范围也可能越广。

在现有知识和经验的基础上训练活跃的联想能力,会产生许多意想不到的创造设想。能否由各类海中的鱼的特点,联想构思出创新产品,如新型潜水艇、游泳等。

2.3.6 类比

1.比喻类比

比喻类比是通过人类的感情来体验和洞察意识技术的抽象问题,如 A 像 B,则不仅 A 获得了 B 的性质,而 B 也获得了 A 的属性,这种类比在人们的心理上将造成一种隐隐的紧张感,这种紧张感使人们能够变熟悉为陌生,并使大脑有许多机会去选择能导致新顿悟的联想,利于创新设计出新的产品。

2.象征类比

象征类比是从已理解问题中找出关键词,获得启发的类比方法,这样才能产生新颖的、丰富的想法和主意。利用象征类比的机理变熟悉为陌生,从而搞出新的发明项目。

把通过比喻类比和象征类比所得到的想法结合起来,可形成新颖的、有效的解决问题的方法。这种结合的过程也是一个复杂的思维过程。例如,管道快速连接器的构思,结合快速夹具的原理,采用类比设计的机械接口来实现管道断裂后快速连接夹紧装置的锁紧机构,实现了管道堵漏连接装置的快速化。

2.4 影响创新能力的因素分析

2.4.1 影响创新能力的非智力因素

发明创造是人类的一种复杂的活动,它需要人们充分发挥自己的创造力,然而人的创造力不是天生的,而是逐步培养起来的。影响创新能力的非智力因素主要包括以下几个方面。

2.4.1.1 兴趣和好奇心

兴趣是人们积极探索某种事物或某种活动的意识倾向,是人们心理活动的意向运动,是个性中具有决定作用的因素,可以使人的感官、大脑处于最活跃的状态,使人能够最佳地接受教育信息,有效地诱发学习动机、激发求知欲。

好奇心一般都是通过"看一看、听一听"引起惊叹感,再通过"问一问"的方式把它的来龙去脉搞清楚。强烈的好奇是从事创造性活动的人所应具备的基本素质之一。

法国雕塑艺术家奥古斯特·罗丹认为,所谓大师就是这样的人,他们用自己的眼睛去看别人看过的东西,在别人司空见惯的东西上能够发现美。进化论的创始人之一阿尔弗雷德·拉塞尔·华莱士说,他在捕获到一只新蝴蝶后"心狂跳不止,热血冲到头部……"。这本来是一件很平常的事,竟使他兴奋到极点,如果没有好奇心,他是不会有这种感受的。

如比尔·盖茨,正是对计算机和软件开发有着强烈的兴趣,才促使他放弃大学学业而从事软件开发,只用了短短数年时间就使微软公司成为世界上著名的公司,其发展速度之快成为知识经济的象征;我国青年发明家王贵海,在大学学习时对非圆齿轮的研究产生了极大的兴趣,经过几年的努力,终于攻克了非圆齿轮的设计和制造这一世界难题。

2.4.1.2 进取心

进取心是指那种不满足于现状,坚持不懈地向新的目标追求的心理状态。凡是事业取得较大成就者,无不具有较强烈的进取心。

要培养自己的进取心,首先得学点辩证法,务必使自己懂得:世界上一切事物都充满着矛盾,旧的矛盾解决了,新的矛盾又会产生。人类改造世界的过程就是解决各种矛盾的过程,这个过程永远不会终结。如果把世界上的一切事物都看成孤立的、静止的、永恒不变的,甚至觉得它们已经尽善尽美,势必使人失去改造世界的能动性和进取心。

2.4.1.3　自信心

自信心就是在对自己的能力做出正确估价后,认定自己能实现某些追求、达到既定目标的信心。

对于从事创造性劳动的人们而言,自信心显得尤为重要。那么要如何增强自信心呢?最重要的是克服自卑感。有自卑感的人容易只看到他人的长处,而放大自己的短处,并以他人之长比己之短,越比越觉得自己这也不行,那也不行,就像"放炮"后的车胎,彻底泄了气。因此,增强自信心的第一步就是要学会用辩证的观点去看待别人、评价自己。

增强自信心还得正确地认识才能。正如鲁迅先生精辟地阐明的"即使天才,在生下来时的第一声啼哭,也和平常的儿童一样,绝不会是一首好诗"。人的后天才能是通过劳动实践造就而成,正如华罗庚教授所说:"勤能补拙是良训,一分辛苦一分才"。

我国著名教育家陶行知先生曾说过:"人类社会处处是创造之地,天天是创造之时,人人是创造之才。"在发明的征程上必须信心十足,从而正确地评价自己,增强自信心。因为发明创造是在前人未曾涉足的领域内进行,经常会有困难和挫折的风暴袭来。处在这种恶劣的环境中,最忠实可靠的伙伴就是自信心。因此,任何准备从事发明创造的人,都不可忽视对自信心的培养。

2.4.1.4　意志和勇气

意志是为了达到既定的目的而自觉努力的心理状态。坚强的意志不仅能使人对事物具有执着的迷恋趋向,而且能使人持久地从事某一活动。人们为了达到既定目标,在运用所掌握的知识、技能进行改造客观世界的实践活动时,总是要遇到各种各样的困难,需要不断地克服,"科学有险阻,苦战能过关"。

勇气就是无所畏惧的非凡气概。从事发明创造一定要有勇气,因为任何发明创造都是走他人没有走过的路,这条路上总是荆棘丛生、坎坷不平,没有勇气和冒险精神是不敢迈进的。正如马克思所说:"在科学的入口处,正像在地狱的入口处一样,必须提出这样的要求,这里必须根绝一切犹豫,这里任何怯懦都无济于事"。

发明创造是一项开拓性的事业,没有人能保证一举成功,失败是不可避免的。美国发明家富尔顿为发明轮船奋斗了数年,待到制成的样船试航时,无奈天公不作美,一阵狂风暴雨使它沉没河底。假如富尔顿没有失败了再干的勇气,他就不会花整整一天时间把机器打捞上来,更不会再去奋战 4 个春秋,当然他的名字也就不会被载入发明家的史册。

发明总是要创新。创新就要突破旧的条条框框的束缚,而保护这些束缚的习惯势力相当顽强,没有勇气是不敢迎上前去的。英国的爱德华·琴纳在经过 36 年的试验、研究之后,终于发明了预防天花的新方法——接种牛痘。当他自费出版用心血写成的《牛痘的成因与作用》后,招来的不是支持、赞扬,而是恶毒诽谤和造谣中伤。有一家报纸公开造谣说:"某人的小孩接种牛痘以后,咳嗽的声音像牛叫,而且浑身长出了牛毛。"爱德华·琴纳在写给他的朋友的信中说:"我一生从来没有遭受过像现在这样的打击,我好像乘着一只小船,快要到对岸了,却受着狂风暴雨的袭击……"如果他没有一股异乎寻常的勇气,是难以驾驭"这只小船"达到光辉的彼岸的。

另外,发明总是离不开实验,而有些实验是相当危险的,甚至有生命危险。从前臂静脉插入一根导管直至心脏,在常人看来是不可思议的事情,然而德国医学家沃纳·福斯曼于 1925 年在自己的身上做了这项实验,发明了心脏急症新疗法——心导管诊断术。他在自体实验后写道:"由于导管抖动,导管与锁骨静脉壁相互摩擦,这时我感到锁骨后方非常热……还有一种微弱的要咳嗽的冲动。为了在 X 射线屏幕上观察导管的位置,我带着插到心脏内的导管,和护士从研究室的手术间徒步走了很长的路,爬上楼梯,到达 X 射线检查室。实验证明,导管插入与拔出完全不痛,全身没有任何异样的感觉……"。他进行了危险的自体实验,并得出了完全正确的结论,然而招来的却是冷嘲热讽。10 年后,他发明的心导管诊断术才为世人普遍接受。

2.4.1.5　社交能力

创造学的研究表明,一个创造性很强的人,往往会因为各种原因而与周围的人难以合拍或协调,从而使自己的创造活动增加了人为阻力,使自己的聪明才智得不到充分发挥。美国的钢铁大王卡耐基说:"一个人的成功,只有 15% 是由于他的专业技术,而 85% 则要靠人际关系和他为人处世的能力。"虽然这个观点不完全准确,但从一个侧面也反映出人际关系在创造活动中的重要性。

在社交能力培养中,有专家提出以下几个原则,可以作为借鉴。

(1)正直原则。指营造互帮互学、团结友爱、和睦相处的人际关系,从而具备正确、健康的人际交往能力。

（2）平等原则。指交往双方人格上的平等，包括尊重他人和自我尊严两个方面。古人云："欲人之爱己也，必先爱人；爱人者，人恒爱之；敬人者，人恒敬之。"交往必须平等，这是人交往成功的前提。

（3）诚信原则。指在交往中以诚相待、信守诺言，这样才能赢得别人的拥戴，彼此建立深厚的友谊。马克思曾经把真诚、理智的友谊赞誉为"人生的无价之宝"。

（4）宽容原则。在与人交往过程中，要做到严于律己，宽以待人，善于接受对方的缺点，俗话说"金无足赤，人无完人"，因此，在交往中要有宽容之心。

（5）换位原则。在交往中要善于从对方的角度认知对方的思想观念和处事方式，设身处地地体会对方的情感和发现对方处理问题的独特方式等，从而真正理解对方，找到最恰当的沟通和解决问题的方法。

（6）取长补短原则。尺有所短，寸有所长，在交往过程中要勇于吸收他人的长处，弥补自己的不足。

2.4.1.6　组织能力

组织能力是指对杂乱的局面或事物进行妥善安排、合理调配的指挥运筹能力。

随着科学技术的飞速发展，创新课题越来越复合化、综合化、复杂化，如何发现创新的信息，如何对所获得的信息进行综合归纳，如何制订计划和实施，都需要高度的组织能力。

既要合理安排人员，又要善于处理千头万绪的工作，运筹帷幄，提高效率，以便能在激烈的竞争中保持领先水平。

2.4.2　影响创新能力的智力因素

现代社会已经进入了知识经济时代，因此从事创造发明要求发明者必须具有一定的知识，没有知识必将一事无成。智力因素是创新能力充分发挥的必要条件，将影响个体对问题情境的感知、定义和再定义，以及选择解决问题的策略过程，即影响信息的输入、转移、加工和输出。影响创新能力的主要智力因素有如下几方面。

2.4.2.1　想象力

想象力就是在记忆的基础上通过思维活动，把对客观事物的描述构成形象或独立构思出新形象的能力。要打破习惯思维对自己的束缚，经常进行发散性思维,甚至进行幻想,来培养自己的想象力。

爱因斯坦认为,"想象力比知识更重要,因为知识是有限的,而想象力概括着世界上的一切,推动着社会的进步,并且是知识进化的源泉。严格地说,想象力是科学研究中的实在因素"。

爱因斯坦在创建"相对论"时,关于物体接近光速的试验,实际上几乎是无法做出来的。他在 16 岁时就常常思索"如果有人跟着光线跑而企图抓住它,会发生什么?"和"如果有人在一个自由下落的电梯里,会发生什么情形,将会产生什么?"等问题,他根据已知的科学原理和事实,运用丰富的科学想象,在头脑中设计并完成了一系列思想试验。1905 年,26 岁的爱因斯坦提出了"狭义相对论",于 1916 年创立了"广义相对论"。他通过想象和思想实验的科学方法创立了具有划时代意义的相对论。

2.4.2.2　洞察力

洞察力指的是深入细致的观察能力。具有这种能力就可以透过现象看本质,抓住机遇,在别人不注意的事物中找到新的发现和创新课题。

丹麦科学家、诺贝尔生理学和医学奖获得者尼尔斯·吕贝里·芬森有一次到阳台乘凉,看见自家的猫却在晒太阳,并随着阳光的移动而不断调整自己的位置。这样热的天,猫为什么晒太阳?一定有问题!带着浓厚的探究兴趣,他来到猫前观察,发现猫身上有一处化脓的伤口。他想难道阳光里有什么东西对猫的伤口有治疗作用?于是他就对阳光进行了深入的研究和试验,终于发现了紫外线——一种具有杀菌作用,肉眼看不见的光线。从此紫外线就被广泛地应用在医疗工作中。

2.4.2.3　动手能力

动手能力包括制作、加工、试验及绘图等方面的技能。

尽管爱迪生、法拉第等没有到学校正规地学习过,但他们都非常喜爱动手做试验,改装设计制作仪器设备。由于刻苦自学、勇于实践、具有很强的动手能力,爱迪生才能拥有一千多项发明专利,法拉第才能发现电磁感应现象。因此,我们要注意养成动手制作、修理、维护、绘制、装配各种仪器、用具、设备的习惯,培养并增强自己的动手能力。

2.4.2.4　智能和知识因素

知识是创新思维的基础,也是创造力发展的基础。对于工程技术人员来说,其知识经验是发明创造的前提,学科基础知识、专业知识是从事创造发明的必要条件。知识给创新思维提供加工的信息,知识结构是综合新信息的奠基石。

2.4.2.5　创新思维与创新技法

创新思维与创造活动、创造力紧密相关。创新思维的外部表现就是人们常说的创造力,创造力是物化创新思维成果的能力,在一切创造活动领域都不可缺少,是现代创造者创造能力的最重要因素。创新技法是根据创新思维的形式和特点,在创造实践中总结提炼出来的,使创造者进行创造发明时有规律可循、有步骤可依、有技巧可用、有方法可行。因此创新技法是构成创造力的重要因素之一。

上述因素对创造力的形成和发展有着重要的影响。在培养学生创新能力的教学工作中,首先应开设有利于创新能力培养的相关课程,使学生具有必需的知识结构,掌握基本的创造原理和常用的创新方法;其次应以知识、能力、素质培养为目标,有意识地培养学生的创新精神和创新能力;此外,还应开展各类创新实践活动,如开展维修、装配、制作、小发明、小革新等多种形式的创新实践,不断提高其创新技能。

第3章 创造性原理

创新是人类有目的的一种探索活动,它需要一定的理论指导。创新原理是人们在长期创造实践活动中的理性归纳,同时也是指导人们开展新的创造实践的基本法则。

3.1 综合创造原理

综合是将研究对象的各个方面、各个部分和各种因素联系起来加以考虑,从整体上把握事物的本质和规律的一种思维方法。

综合创造的基本模式如图3.1所示。

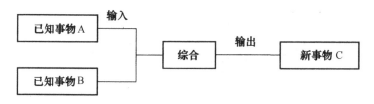

图 3.1 综合创造模式

综合创造被广泛应用于机械创新实践中。例如,图3.2所示为一种小型车、钻、铣三功能机床,它是为适应小型企业、修理服务行业加工修配小型零件,运用综合原理开发设计出的小型多功能机床。由图可见,它主要由电动机1、带传动2、车削主轴箱3、钻铣主轴箱4、进给板5、尾座6和床身7等组成。它的设计特点是以车床为基础,综合钻铣床主轴箱而形成。

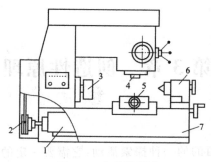

图 3.2　车钻铣机床

1—电动机;2—带传动;3—车削主轴箱;4—钻铣主轴箱;5—进给板;6—尾座;7—床身

3.1.1　同类组合

利用同类组合原理在机械创新设计中也是一种常用的方法。用来调节连铸板坯宽度的大侧压调宽轧机是热轧厂粗轧区的主要设备之一,研究发现,利用组合原理中同类组合的原理,在原来同步机构的基础上增加一个曲柄滑块的方法可以极大地增大同步机构的匀速运动区间。SP轧机改造前的机构简图如图3.3所示。

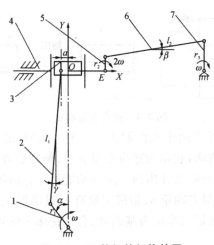

图 3.3　SP 轧机的机构简图

1—主曲柄;2—侧压连杆;3—模块;4—同步框架;

5—同步小偏心;6—同步框架连杆;7—同步大偏心

同理给出,同步机构改造后的机构简图如图3.4所示。

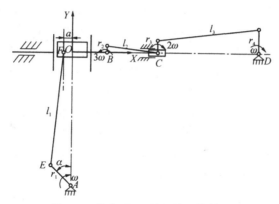

图 3.4 优化后 SP 轧机的机构简图

结合优化技术对改造后的调宽机进行运动学分析,改造前后模块速度的变化如图 3.5 所示。

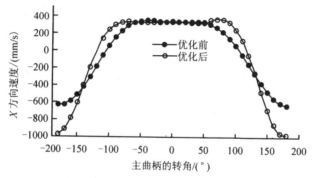

图 3.5 改造前后模块速度的变化图

3.1.2 异类组合

异类组合创新法是指两种或两种以上不同类事物组合在一起,以获得新事物的创新方法。异类组合在日常现实生活中的例子较多。例如,电视和电话的组合发展成了"电视电话",带游戏机的手机,由发动机、离合器和传动装置等各种不同机件组合而成的汽车,飞机与火箭组合而成的航天飞机等,这些都是异类组合的结晶。

3.1.3 综合组合

综合组合是一种分析、归纳的创造性过程。综合组合不是简单的叠加,而是在将研究对象进行分析的基础上,有选择地进行重组。

　　激光是综合近代光学与电子学的产物,它是一种具有优异特性的新光源,是 20 世纪 60 年代出现的重大科技成就之一,它具有高亮度、高方向性、高单色性、高相干性等特点,已得到广泛应用。和其他重大发明一样,激光器的产生是在基本原理指导下实践的结果。早在 1916 年,爱因斯坦就在关于黑体辐射的研究中提出了"受激辐射"的存在。大家知道,原子是由原子核和电子构成的,电子围绕着原子核不停地运动,并且电子运动具有一定的轨道,各轨道有特定的能量,当电子从高能级轨道跃迁到低能级轨道时,多余的能量就以光的形式释放出来。如果一个原子处在激发状态,它的电子就会自发地由高能级跳到较低能级,同时产生光子,这种发光过程就叫"自发辐射",自发辐射是普通光的发光原理。如果有一个光子打到一个处于激发态的原子上,这个光子就会强迫原子发光,这种发光方式就叫"受激辐射"。受激辐射的特点是所发出的光在频率、相位、偏振和传播方向上都是一致的。爱因斯坦提出的"受激辐射"概念受到了当时技术条件和传统科学观念的束缚,很长时间都没有引起人们足够的重视。因为按照经典物理学理论,在通常条件下,高能态的粒子数少于低能态的粒子数,这样,受激态原子在受激发射中所产生的光子还没有来得及辐射出去就已被低能态原子吸收了,受激发射被吸收过程淹没。这就是在通常情况下看不到受激辐射的重要原因。要实现受激辐射,首要条件就是高能态粒子数要多于低能态粒子数,也就是要实现"粒子数反转",从当时的经典物理学的观点来看,这是不可思议的。

　　1951 年卡斯持提出了用"抽运"方法实现粒子数反转的设想,珀塞耳、庞德在核感应实验中实现了粒子束反转。在 1954 年,汤斯和他的助手,制成了第一台氨分子束微波激射器——脉射(Maser),虽然它产生的微波功率很小,但它综合并证实了受激辐射、粒子数反转、电磁波放大等概念,是激光器发明中的一个重要转折点。

　　1955 年巴索夫、普罗霍洛夫和布洛姆伯根研究并设计了微波量子放大器,人们开始考虑把它从厘米波推广到更短的毫米、亚毫米甚至光波波段。1957 年 9 月,汤斯又构思了一个希望运行在光波波段的第一台"光学脉塞"(后来称为莱塞——laser,即激光器)的设计方案。但经过分析,该方案不是非常理想,这个系统产生出来的光,其震荡可能会在各种模式之间来回跳动,在此关键时刻,波谱学家肖洛加入了汤斯的研究,肖洛从光学的角度,提出了一个关键性的建议:除了谐振腔两端的界面以外,把其余的壁面全部去掉,也就是用两块法布里——珀罗干涉仪作为谐振腔,这就衰减了系统中的大多数模式,从而保证系统仅仅在一个模式中震荡。计算表明:这种设想使汤斯面临的困难得到了解决,经过这两位科学家的综合,1958 年,肖洛和汤斯对他们提出的在光波波段工作的量子放大器的设计方案进行了详细的理论分析,讨论了谐波腔、工作物质和抽运方式等一系列问题。1960 年 7 月,休斯研究所的梅曼按照肖洛和汤斯的设想,用一种简单的装置,成功地制造并运转了世界上第一台激光器,其工作物质用人造红宝石,激源是强的脉冲氙灯,它获得了波长为 $0.6943\mu m$ 的红色脉冲激光。从此,科幻小说家们所幻想的"死光",在科学理论的指导下,终于奇迹般地出现了。

爱因斯坦综合了万有引力定理和狭义相对论中的有关理论,提出了广义相对论。解析几何乃是综合了几何学和代数学的相关理论而产生的。同样,生物力学、生物化学都不是生物学和力学或化学的简单叠加,而是两门学科有关内容的有机结合。由综合原理产生出来的组合性的创新技法已成为当今创新活动的主要技术方法。

3.1.4　信息交合

信息交合法是把事物(物体)的总体信息分解成若干要素,然后把这种事物(物体)与人类各种实践活动相关的用途进行要素分解,把两种信息要素用坐标法连成信息标 X 轴与 Y 轴,两轴垂直相交,构成"信息反应场",每个轴上各点的信息可以依次与另一轴上的信息交合,从而产生新的信息。

例如,回形针,一般人认为它仅有几种或几十种用途。而应用信息交合法,将它的总体信息分解成材质、重量、体积、长度、截面、韧性、弹性等众多要素,连接成横信息标(横轴),再将与回形针有关的人类实践活动进行要素分解,连接成纵信息标(纵轴),两轴相交并垂直延伸形成信息反应场,这样便可推出一系列用途。如将它制作成数字和运算符号,其算式的数学变化可超过万次、亿次,将它连接起来,可设计成各种导电电路,也可以用作物理上的各种实验器具等。这样,它的应用便可接近无穷大。

信息交合的原理,能使人们的思想从无序状态转入有序状态,使思维从抽象状态改进为用图表直观表达,可帮助人们突破旧的思维定势,推出新构思、新设计、新产品、新选题,进行极有效的创造性思维等。

在运用综合原理时,思维的分析与综合起着关键作用。科学的组合是在深入分析的基础上再择优进行组合。

3.2　分离创造原理

分离是通过对已知事物进行分解、离散而产生新的事物,本质上是基于分析的思考方法。分离创造模式如图 3.6 所示。

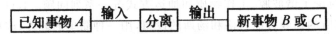

图 3.6　分离创造模式

机械设计过程中，往往把设计对象分解为许多分系统和分功能，对每一分系统和分功能进行分析，再找出实现每一分功能的原理解，然后把这些原理解综合得出很多设计方案。因此，分离与综合虽然思路相反，但往往相辅相成，要考虑局部与局部、局部与整体的关系，分中有合，合中有分。

例如，举世闻名的美国自由女神像是法国赠送给美国的珍贵礼物，坐落在纽约赫德森河口白德勒海岛中央的这座女神像也成为美国的一个标志。在经历百年之后，自由女神像风化、腐蚀严重，为此美国进行了一次声势浩大的翻新工程。可是工程结束后，施工现场堆放的 200t 废料垃圾一时难以处理。政府决定招标，请承包商运走垃圾。但由于美国人环保意识很强，政府对垃圾的处理有严格的规定，大家都认为此举无利可图，一时无人投标。商人斯塔克有一次与一位爱好旅游的朋友闲谈，无意中谈到了旅游纪念品，斯塔克突然想到，如果将具有纪念意义的自由女神像原身遗物制作成旅游纪念品，一定会激发旅客的购买欲。于是他马上去投标承包了这一垃圾处理工程。他首先将废料进行分类，然后分门别类地进行开发设计，将废铜收集熔化，铸成小自由女神像和纪念币，把水泥块、木块等加工成一个个工艺品，把废铅、废铝做成纪念尺等。在经过分离创新之后，这一堆原本一文不值的垃圾成了具有特殊纪念意义的纪念品，十分畅销。

实现分离创造可以有多种方法。如对事物特性进行分离，实现分离创造的方法包括：空间分离（从空间上分离相反的特性）、时间分离（从时间上分离相反的特性）、基于条件的分离（同一对象中共存的相反特征）以及整体与部分的分离（从整体与部分上分离相反的特性）。

在具体操作方式上，实现分离创造的方法包括结构分解、特性列举等。在机械创新设计中，可以用这些方法进行创造性思考。

3.2.1　基于结构分解的分离创造

基于结构分解的分离创造是对已有事物整体与局部关系的思考，是对结构形态进行合理的分解或离散从而获得创意的一种思路。对结构进行分解时，关键问题在于能否使具有分离特性的事物具有与整体事物不同的性能，甚至是技术优势。

例如，车刀是金属切削加工中应用最为广泛的刀具之一。按照使用要求不同,车刀可以有不同的结构和不同的种类。车刀通常由刀体和切削部分组成。将硬质合金刀片通过焊接的方式固定在刀体上的车刀,统称为焊接式车刀,其除了焊接式车刀外,人们应用分离创造原理设计制造出机械夹固式车刀。根据使用情况不同又可分为机夹重磨车刀和机夹可转位车刀。机夹重磨车刀[图 3.7(a)]是将普通车刀用机械夹固的方法夹持在刀杆上的车刀。当切削刃磨钝后,这种刀具只要把刀片重磨一下,适当调整位置仍可继续使用。机夹可转位车刀[图 3.7(b)]又称机夹不重磨车刀,它是采用机械夹固的方法将可转位刀片夹紧并固定在刀体上的一种车刀。它是一种高效率的刀具,刀片上有多个刀刃,当一个刀刃用钝后,不需要重磨,只要将刀片转一个位置便可继续使用。从创造原理上看,机械夹固式车刀是对刀体和切削部分结构分离创造的产物。

例如,图 3.8 所示为一台单工位双面复合式组合机床。加工时,刀具由电动机通过动力箱、多轴箱驱动作旋转主运动,并通过各自的滑台带动作直线进给运动。从创造原理上看,组合机床是对机床结构组成进行分离创造的产物。

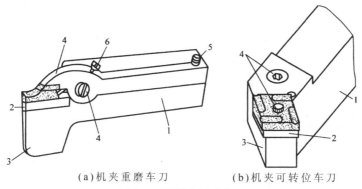

(a)机夹重磨车刀　　　　　(b)机夹可转位车刀

图 3.7　机械夹固式车刀

1—刀柄;2—垫块;3—刀体;4—夹持元件;5—挡屑块;6—调节螺钉

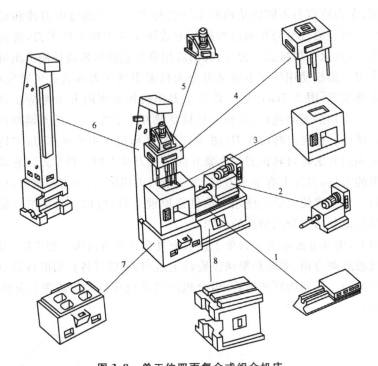

图 3.8　单工位双面复合式组合机床

1—滑台；2—镗削头；3—夹具；4—多轴箱；5—动力箱；6—立柱；
7—立柱底座；8—中间底座

3.2.2　基于特性列举的分离创造

　　基于特性列举的分离创造是对已有事物的特征进行分离、分类，并在此基础上进行创造的一种思路。

　　基于特性列举的分离创造是美国布拉斯加大学教授克拉福德总结的一种创造技法，他认为通过对需要革新改进的对象作观察分析，尽量列举该事物的各种不同的特征或属性，然后确定应加以改善的方向及实施的方案。他说："所谓创造，就是要抓住研究对象的特性，以及其与其他事物替换的方法。"由此可见，抓住事物的特性并进行新的置换，是这一创造原理的本质所在。

　　特性列举法也称属性列举法，是一种通过抓住创新对象的特征，包括名词特性（采用名词来表达的特性）、形容词特性（采用形容词表达的特性）和动词特性（采用动词来表达的特性）等，将其一一列举出来，然后分析、探讨能否以更好的特性替代，最后提出革新方案的创新技法。

下面结合实例介绍利用特性列举法进行创造发明的一般过程：

第一步，确定一个课题。一般来说，课题宜小不宜大。如果是一个比较大的课题，最好分成若干个小课题来进行。例如，汽车这个大课题可以分为发动机、离合器、传动装置、制动装置、车身、底盘、车灯、轮胎等多个小课题。

第二步，将对象的特性全部罗列出来，并分门别类加以整理。一般事物的特性包括以下三个方面：

名词特性：全体、部分、材料、制作方法等。

形容词特性：性质、状态等。

动词特性：功能等。

第三步，尽量从各个角度提出问题，以获得众多的提示，并据此做出改进。

如果选择水壶为课题，那么，列出的特性有：

名词特性：

全体：水壶。

部分：壶柄、壶盖、蒸汽孔、壶身、壶口、壶底。

材料：铝、铜。

制作方法：冲压法、焊接法。

形容词特性：

性质：轻、重。

动词特性：

功能：烧水、装水、倒水。

以壶柄为例，可得到如下启示：金属的壶柄，水烧开后提起时很烫手，于是就在提手处装上塑料；开始时，塑料捏手做成平的，倒水不方便，后来就在塑件大拇指着力的地方做出一个合适的突出点，而四指着力的地方则做成与四个手指形状相似的指柄；另外，壶柄要烧水的时候搁在壶身上，水烧开后壶柄太烫手，于是就在壶柄上装上支臂活动卡，烧水的时候使壶柄竖着，情况就好多了。

3.3　移植创造原理

"他山之石，可以攻玉。"将某一领域的科学技术成果引用或借鉴到其他领域，用以变革或改进原有产品或开发新产品，这就是移植创造。移植创造原理的基本模式如图 3.9 所示。

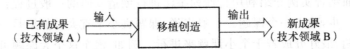

图 3.9 移植创造原理的基本模式

例如,激光技术移植到医学领域,为诊断、治疗各种疾病提供了有力的武器;激光技术移植到生物学领域,可以改变植物遗传因子,加速植物的光合作用,促进植物的生长发育;在机械加工领域中移植入激光技术,使原来用机床很难加工的小孔、深孔及复杂形状都容易实现;电气技术移植到机械行业,实现了机电一体化;计算机技术移植到机械领域,使机械技术产生了巨大的突破。

3.3.1 技术原理移植创造

技术原理移植创造是将某种科学技术原理向新的研究领域或设计课题上类推和外延,力求获得新的创造成果。由于技术原理的原端性和多样性,这种移植创造的思维水平和成果水平一般较高。

红外线是波长介于微波与可见光之间的电磁波,波长在 760nm～1mm 之间,是波长比红光长的非可见光。覆盖室温下物体所发出的热辐射的波段。红外线被移植到通信、探测、医疗、军事等各领域。

1. 医疗上的应用

在红外线区域中,对人体最有益的波段就是 $4～14\mu m$ 这个波段范围,这个在医术界统称为"生育光线",因为这个红外线波段对生命的生长有促进作用。这个红外线对活化细胞组织、血液循环也有很好的作用,能够提高人的免疫力,加强人体的新陈代谢。

2. 遥控设备的应用

随着社会的进步,越来越多的家用电器都配备了遥控器(图 3.10),而遥控器上必定会配备一个红外线发射管,当其与电器的红外线接收端形成对射的状态时,就能实现遥控的目的。

3. 开关上的应用

几乎涉及感应力的开关,都会应用到红外线,这个统称为红外线开关(图 3.11)。它分为主动式开关与被动式开关两种。主动式红外线开关是由红外发射管和红外线接收管组成的,当红外线接收管接收到发射管发出的信号时,电器就会关闭;当物体阻挡到两者之间的连接,电器就会启动。被动式红外线开关是将人体作为红外线源(人体温度通常高于周围环境温度),红外线辐射被检测到时,电器就会启动。还有常见的红外感应龙头也应用了这种原理。

图 3.10　遥控设备

图 3.11　红外线开关

4. 红外线接口的应用

现在很多电子设备都配备了一个红外端口,这个红外端口就是用作无线传输的,从而减少用线路传输所带来的接线问题,使得计算机可与其他计算机或设备通过红外线而不是电缆进行通信。在某些便携式计算机、打印机和照相机上都有红外端口。

5. 安防上的应用

红外线报警器(图 3.12、图 3.13)是红外线在安防上经常使用到的一种安防器材。由红外线发射机以及红外线接收机所组成的一个完整的红外线安防设备。发射端与接收端组成了一道人眼看不到的防盗墙,当人穿过这个墙时就会阻断发射跟接收之间的联系,这样就会启动报警,从而达到防盗的功能。

6.侦探中的应用

在侦探上的应用大部分都是来自于军事上的应用,例如,通过红外线在晚上监视,红外线夜视仪(图 3.14)就是一个红外线在夜视仪侦探上经常用到的仪器。再如侦察卫星,它能够通过红外线探测到地面的信息,或者通过红外线来探测温度变化,从而达到侦探导弹的发动机的尾焰温度,达到防空的功能。

(a)

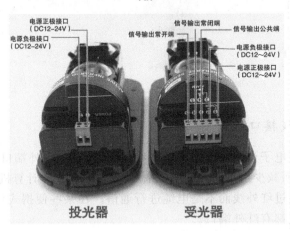

(b)

图 3.12 红外线报警器

人们利用电磁悬浮原理设计出了磁悬浮轴承,磁悬浮轴承具备的无接触、无摩擦、使用寿命长、不用润滑以及高精度等优点是其他轴承所无法比拟的。磁悬浮轴承是利用磁力作用将转子悬浮于空中,使转子与定子之间没有机械接触。其原理是磁感应线与磁浮线成垂直,轴芯与磁浮线是平行的,所以转子的重量就固定在运转的轨道上,利用几乎是无负载的轴芯往反磁浮线方向顶撑,使整个转子悬空在固定运转轨道上。与传统的滚珠轴承、滑动轴承以及油膜轴承相比,磁轴承不存在机械接触,转子可以运行到很高的转速,具有机械磨损小、能耗低、噪声小、寿命长、无须润滑、无油污等优点,特别适用于高速、真空、超净等特殊环境中。

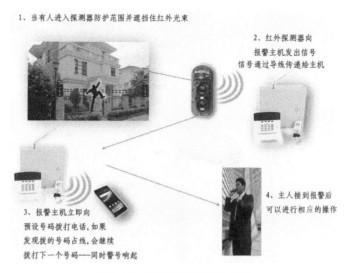

图 3.13　红外线报警器的应用

图 3.14　红外线夜视仪

3.3.2　结构移植创造

结构是事物存在和实现功能的重要基础。将某种事物的结构形式或结构特征应用于另一事物,称为结构移植。结构移植可以是简单地将某一事物的局部结构原封不动地置入另一事物,也可以利用某一结构的基本形式,在移植中有所变异,甚至可以仅仅模仿原有事物的某一结构特点设计新的事物。

图 3.15 所示为刀削面机器人,是替代人工技师执行削面工作的一种机器装置。它不仅可以按预先编排的程序去完成标准化的削面工作,还可以临时接受人工指令改变工作状态,是人工智能技术应用于餐饮领域的典型案例。

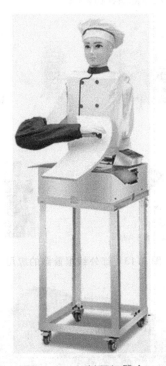

图 3.15　刀削面机器人

冲压是利用模具在压力机上将金属板材制成各种板片状零件和壳体、容器类工件,或将管件制成各种管状工件。这类在冷态进行的成型工艺方法称为冷冲压,简称冲压。冲压成型以前需要工人用手完成上下料、冲压、搬运等工作。随着人力劳动成本上升等原因,有公司就利用结构移植创造设计出自动化设备代替冲压中的人工上下料、冲压、搬运等工作,这就是冲压机械手(图 3.16)。这不仅降低了人力劳动成本,还提高了人工及设备安全性,保证了产品产能、质量、工艺稳定性。

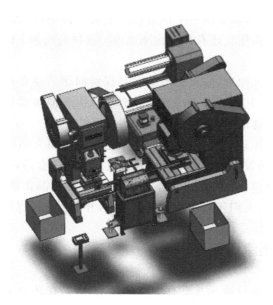

图 3.16　冲压机械手

3.4　还原创造原理

还原创造的本质是使思路回到事物的基本功能上去,从基本功能这一创造原点出发进行思考,才不会受已有事物具体形态结构的束缚,更能使创造者解放思想,应用发散思维去获得标新立异的解决问题的方案。

例如,日本一家食品公司想生产口香糖,却找不到做口香糖原料的橡胶,公司的开发人员将注意力回到"有弹性"的起点上,设想用其他材料代替橡胶,最终实现了用乙烯、树脂代替橡胶,再加入薄荷与砂糖,发明了日本式的口香糖,畅销市场。

3.4.1　还原换元

还原换元是指先还原,后换元。先还原,就是不拘泥现有事物技术原理和结构形态的约束,而是透过表面看本质,追溯创造的初衷并深入源头进行思考;后换元,就是从创造的源头出发,寻找可以置换现有技术或结构的单元,在换元思考中获得解决问题的新方案。

众所周知,冷冻能保藏食品,使食品在一定时间内保持良好的鲜度和品质。冷冻技术在不断发展,各种冷冻设备也在不断更新。人们为了创造出保藏食品的新装置,都在同一个创造起点上冥思苦想:什么物质可以制冷?什么现象有冷冻作用? 还有什么冷冻原理? 这种先入为主的思想束缚了人们的思维。

按照还原换元原理,应首先考虑食品保鲜问题的原点是什么? 冷冻食品可以长期储存,其原因在于冷冻可以有效杀灭和抑制微生物的生长。因此凡具有这种功能的方法、装置都可以用来保鲜食品。

从这一创新原理出发,瑞典发明家斯坦斯特雷姆大胆地采用微波加热的方法,开发出微波灭菌保鲜装置。经过此法处理的食品,不仅能保持原有形态、味道,而且鲜度比冷冻条件下的更好,可以使食品在常温下保存数月。除了微波灭菌外,人们还利用静电保鲜原理,开发出电子保鲜装置。

3.4.2　还原创元

还原创元与还原换元并没有本质的区别,只是在还原的基础上追求的创造水平有所差异。如果说换元只是在现有事物之间进行替换的一种渐变,那么创元则是以前所未有的新事物来取代旧事物的一种突变,这种创造有可能引起某一技术领域的重大变革,获得的往往是新型产品。

例如,电火花加工设备。众所周知,常规的机械切削加工是依靠刀具对工件的切削过程来实现的。切削时要求刀具材料的硬度必须大于工件的硬度。但随着生产和科学技术发展的需要,许多工业部门的产品要求使用各种硬质、难熔或有特殊物理性能、力学性能的材料,有的硬度已接近甚至超过现有刀具材料的硬度,使常规的切削加工无法满足要求。为解决这一问题,需研发新的加工方法及其设备。为了突破常规的机械切削加工方式,创造者必须对切削加工进行还原思考。不管采用何种切削加工方法,都是按照图样要求除去工件上多余材料的过程。这就是研究新加工方法的"原点"。除了采用刀具切削来除去多余材料之外,还会有别的什么办法吗? 在此思维导向下,人们想到了其他特种加工方法,电火花加工就是一例。

人们发现,电器开关启用时,会因放电而使接触部位烧蚀,造成"电腐蚀"。于是,创造者从中得到灵感,想到了电火花加工的新办法。电火花加工的基本原理(图 3.17):工具与工件之间不断产生脉冲式的火花放电,由此产生的局部、瞬时高温能将金属蚀除下来,从而达到对零件的形状、尺寸和表面质量的预定要求。

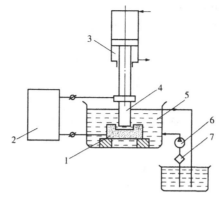

图 3.17 电火花加工原理
1—工件;2—电源;3—自动调节装置;4—工具;
5—工作液;6—工作液泵;7—过滤器

3.5 物场分析创造原理

3.5.1 物场分析的概念

物场分析(Substance-field Analysis)是苏联学者阿奇舒勒在其著作《创造是一门精确的科学——解决创造课题的理论》中提出的一种解决问题的方法。物场分析方法通常是指从物和场的角度来分析和构造最小技术系统的理论和方法。物场分析创造理论认为,解决创造课题的本质问题是消除所研究课题的技术矛盾,而技术矛盾是由物理矛盾决定的,只有消除物理矛盾,才能最终解决创造课题。

在介绍物场分析方法之前先介绍一下什么是物场。

物场是指物质与物质之间相互作用与相互影响的一种联系。例如,电铃的响声给人一种信号,其中"电铃""人"属于"物"的概念,那么"场"又是什么呢? 只要分析一下电铃的响声为什么会传到人的耳朵里,就会知道"空气的振动"是其中的原因,如果在真空中,人是听不到电铃声音的。也就是说,在"电铃"与"人"之间,存在着一个"声场",如图 3.18 所示。事实上,世界上的物体本身是不能实现某种物理效应的,只有同某种"场"发生联系后才会产生对另一物体的作用或者相应的反作用。就物理领域来说,温度场、机械场、声场、引力场、磁场、电场等都是物场的具体存在形式。

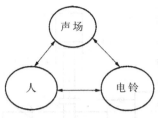

图 3.18　人-电铃物场模型

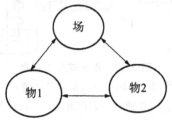

图 3.19　物-场基本结构模型

物场形成的系统可以用三角形形式表示,如图 3.19 所示,在三角形物-场模型中,下面的两个角通常分别表示两种物质,上面的一个角通常表示场。场是物-场模型分析中的一个术语,通常表示物质之间的相互作用或效应。一个复杂的系统,经过分解后可以运用多个三角形模型表示,如图 3.20 所示。

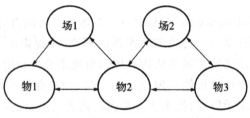

图 3.20　复杂三角形的物-场模型

3.5.2　物场分析创造的基本方法

物场分析的基本内容就是在判别物场类型的前提下进行创造性思考,或对非物场体系或不完全物场体系进行补建,或对完全物场体系中的要素进行变换以发展物场。无论补建还是变换,其最终目的都是使物场三要素之间的相互作用更为有效,功能更加完整和可靠,即通过对物场构成的分析和对物场的变换来实现物场的功效。应用物场分析进行创造,具体实施要点如下。

3.5.2.1　课题分析

分析创造课题的出发点与期望达到的目的,搞清课题属于何种技术领域、已知什么、未知什么、限制条件有哪些等。

3.5.2.2　分析物场类型

按照物场三要素要求,判断创造课题已知条件能构成哪种类型的物场体系。

3.5.2.3　进行物场改造思考

对非物场体系或不完全物场体系,要补建成完全物场体系。补建的措施是引进作为完全物场体系所不可缺少的元素,而这种引进的元素应当是能够发生相互作用的,而不是无关的元素。例如,当已知条件给定了两种物质,并引进了一个场后,虽然符合构成物场三要素的要求,有时却无法实现它们的相互作用。因此,还应引进使它们发生相互作用的物质,该物质应当是与给定的两个物质之一相混合而不分离,即以复合体(物 2、物 2′)来代替物 2。对完全物场体系进行要素置换时,要注意物场功效的大小与要素的性质相关。对于已有的完整物场技术体系,可以考虑用更有效的场来取代,如用电磁场来取代机械场,或用更有效的物质(技术载体)来置换效能较差的场。

3.5.2.4　形成新的技术体系形态

对确定的新物场体系进行技术性构思,使之成为具有技术形态的新技术体系。该技术体系的建立,意味着新的解决问题的技术方案形成。

例如,电冰箱冷冻机密封检测。运用物场分析法解决家用电冰箱中冷冻机密封不良的检测问题时,可以按以下思路进行:

(1)课题分析。家用电冰箱冷冻机中充满氟利昂和润滑油,如果密封不良,氟利昂和润滑油都会外漏。因此,检测密封不良的问题实际上就是判断是否有工作介质或润滑油外漏。

(2)物场分析。根据物场形式进行分析,此课题中哪些东西可以视为物与场。了解传统的检漏方式是人工观察,在这种技术体系中,“润滑油”“氟利昂”是物质,但相互作用的物质与场没有构成完整的物场,因此传统检漏方式是一种原始的非物场体系。本课题运用物场分析,主要是将非物场体系补建成非人工检测泄漏的完全物场体系。

(3)完全物场体系的建立。根据物场三要素的条件,思考方向集中在寻找与润滑油泄漏有作用关系的物质及起联系作用的技术场。经收集有关机械故障检测方面的信息,决定建立图 3.21 所示的完全物场体系。

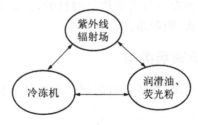

图 3.21 冷冻机检测物场体系

在图 3.21 所示的物场体系中,引进了荧光粉这一物质和紫外线辐射场这一物理场。其工作原理:将掺有荧光粉的润滑油注入冷冻机,在暗室里用紫外光照射冷冻机,根据通过密封不严处渗漏出的润滑油中荧光粉发出的光来确定渗漏部位。根据这一技术原理可以开发设计出冷冻机渗漏自动检测装置。

例如,燃气除尘器。燃气轮机中,为从燃气中消除非磁性尘粒,需要使用过滤器。传统的过滤器由许多层金属网构成,虽能够阻挡尘粒,但滤网清洗非常困难。清洗时,必须经常将滤网拆散,长时间向相反方向鼓风,才能使网上尘粒脱去。应用物场分析原理提出新的燃气除尘器设计方案。

(1)物场分析。根据课题给出的条件,可描述出一个完全物场体系(图 3.22)。这个物场虽属完全物场体系,但其功效并不令人满意,打算对此进行改造。

(2)旧物场体系的改造。采用置换场和物质的办法来改造旧物场体系,具体做法是用电磁场来取代机械场(空气流场),用铁磁性颗粒代替金属网。这样,得到新的物场体系,如图 3.23 所示。新物场体系的工作原理:利用铁磁性颗粒作为过滤物质,它处于磁极中间并形成多孔隙结构,切断或接通电磁场可以有效地控制过滤器的孔隙。当需"捕捉"尘粒时,过滤器孔可缩小;而在清洗时,过滤器孔可以放大。改变磁场强度,便可控制铁磁性颗粒的密度。根据这一技术原理可以设计新的燃气除尘器。

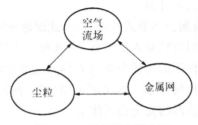

图 3.22 除尘器物场体系

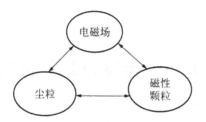

图 3.23　除尘器新物场体系

第4章　创新设计的技法

如果把创新活动比喻成过河的话,那么方法和技法就是过河的途径或者工具。方法和技巧可以说比内容和事实更重要。法国著名的生理学家贝尔纳曾说过:"良好的方法能使我们更好地发挥天赋的才能,而笨拙的方法则可能阻碍才能的发挥。"笛卡儿认为:最有用的知识是关于方法的知识。

创新方法的基本出发点是打破传统思维的习惯,克服思维定势和阻碍创造性设想产生的各种消极的心理状态,应用创新设计方法以帮助人们在设计和开发产品时得到创造性的解。

4.1　群体集智法

4.1.1　奥斯本智力激励法

创造学家 A·F·奥斯本向发明创造者大声疾呼:"让头脑卷起风暴,在智力激励中开展创造!"

关于奥斯本还有这样一个小故事。他在 21 岁那年失业了,有一天,他到一家报社去应征,主考人问他:"你从事写作有多少年经验?"奥斯本回答说:"只有 3 个月。不过请先看看我的一篇文章。"主考人看完后说:"你的经验不足,写作缺乏技巧,文句也不太通顺,但内容富有创造性。本报社有一人请长期病假,急需人才,你先代理试一试。"奥斯本由此受到启发,领悟到"创造性"的可贵,决心"日行一创"。后来,他成了拥有 2700 名员工的广告公司总经理。

例如,图 4.1(A)所示的纸张分离,经过奥斯本智力激励法可以得到图 4.1(B)所示的 8 种分离方案。

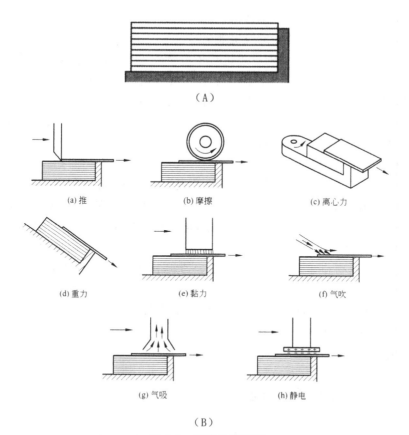

（A）

(a) 推　　　　　　　(b) 摩擦　　　　　　(c) 离心力

(d) 重力　　　　　　(e) 黏力　　　　　　(f) 气吹

(g) 气吸　　　　　　(h) 静电

（B）

图 4.1　纸张分离方案

再如,某一个生产搅拌机的工厂,虽然其搅拌机的使用性能较先进,但成本较高,不利于市场竞争。经过科研人员的初步分析,发现该搅拌机的许多部件使用了不锈钢,而不锈钢的价格是比较昂贵的。为解决降低搅拌机成本问题,厂里决定采用奥斯本智力激励法。

第一步组织了一个 5 人小组,召开了一次智力激励法的会议,会上宣布严格遵守智力激励法会议的原则,随后大家围绕降低搅拌机成本这个议题展开了发言。经过分析与会者的发言,发现与会者主要的想法体现在:

（1）用塑料来代替不锈钢。

（2）用橡胶代替不锈钢。

（3）用木制材料代替不锈钢。

（4）用普通钢板代替不锈钢。

（5）采用玻璃钢代替不锈钢。

（6）用玻璃代替不锈钢。

（7）用石头代替不锈钢。

（8）采用组合材料代替不锈钢。

（9）将目前的搅拌机制成行星摇摆式。

第二步对与会者大量的设想进行了科学的论证，并经过认真细致的研究，大家都认为切实可行的是第4条，即用普通钢材代替不锈钢。理由是铅粉投入搅拌机后，在搅拌机的壳内壁附上一层铅粉，铅粉对搅拌机的金属壳壁起到了保护的作用，使得搅拌机不会受到酸的腐蚀。最后通过对讨论方案的确定，厂里新制造了一台搅拌机，经过一年的使用和市场的检验，证明这一技改是成功的。

专门清除电线积雪的小型直升机的诞生也是智力激励技法的成功运用。在美国的北部，冬季多雪且严寒，野外输电线上的积雪常常压断电线，造成重大事故，为了解决这个问题，电力公司决定采用智力激励技法。于是他们专门开了一个会议，与会者提出了许多各式各样的提案，其中有一个提出了一个近似疯狂的想法：乘坐直升机去扫雪。与会的一个工程师听到后，并没有嘲笑那个提出想法的人，而是从中受到了很大启发，马上想到了利用直升机螺旋桨产生的高速下降气流扇落积雪的方案，经过进一步的分析和修改，最终选择了用改进直升机扇雪的方案，使问题得到了圆满的解决。

4.1.2　默写式智力激励法

智力激励法传入德国后，根据德意志民族爱沉思的性格，德国人鲁尔巴赫提出"默写式"头脑风暴法，其基本原理与奥斯本智力激励法相同，不同的是：通过填写卡片的方法来实现，而不是通过"畅谈"来实现。该法规定：每次会议由6人参加，每个人在5分钟内提出3个设想，然后由左向右传递给相邻的人。每个人接到卡片后，在第二个5分钟再写3个设想，然后再传递出去。如此传递6次，半小时即可进行完毕，可产生108个设想。所以又称为"635"法。

头脑风暴法虽规定严禁评判，提倡自由奔放地提出设想，但有的人对于当众说出见解犹豫不决，有的人不善于口述，有的人见别人已发表与自己的设想相同的意见就不发言了。而"635"法可弥补这种缺点。

"635"法的原理如图4.2所示。

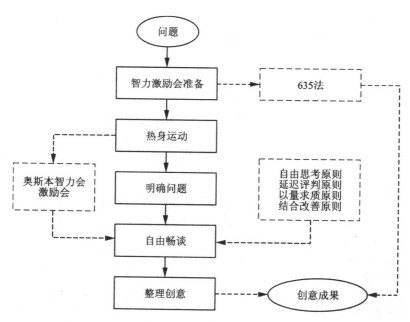

图 4.2 635 激励法的原理

"635"法的具体操作步骤如图 4.3 所示。

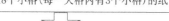

与会的6个人围绕环形会议桌坐好，每人面前放有一张画有6个大格18个小格(每一大格内有3个小格)的纸

主持人公布会议主题后，要求与会者对主题进行重新表述

第一个5分钟结束后，每人把自己面前的纸顺时针(或逆时针)传递给左侧(或右侧)的与会者，在紧接的第二个5分钟内，每人再在下一个大方格内写出自己的3个设想；新提出的3个设想，最好是受纸上已有的设想所激发的，且又不同于纸上的或自己已提出的设想

重新表述结束后，开始计时，要求在第一个5分钟内，每人在自己面前纸上的第一个大格内写出3个设想，设想的表述应尽量简明，每一个设想写在一个小格内

按上述方法进行第三至第六个5分钟，共用时30分钟，每张纸上写满了18个设想，6张纸共108个设想

整理归纳这108个设想，找出可行的、先进的解题方案。"635"法的优点是能弥补参会者因地位、性格的差别而造成的压抑；缺点是因只是自己看和自己想，激励不够充分

图 4.3 "635"法的具体操作步骤

4.1.3 卡片式智力激励法

其特点是将人们的口头畅谈与书面畅述有机结合起来，以最大限度充分发挥群体智力互激的作用和效果。具体程序是：

每次会议需要 4～8 人参加，根据会议主题，每个参加会议的小组成员都要提出 5 个以上的设想，用卡片将自己所提的设想记录下来，但是一个卡片只能写一个设想。接着每个参加会议的小组成员都要依次宣读自己的设想，如果自己在别人宣读设想时受到启发，要随时将新设想记录在备用的卡片上。所有的参会人员都宣读完毕后，要把所有记录设想的卡片收集在一起，然后根据内容的不同对其进行分类，并加上相应的标题，再进行更系统的讨论，以挑选出可供采纳的创新设想。

以上介绍的几种智力激励法的共同点是：首先要设定好主题，在会议的过程中，所有的议题都必须围绕主题进行讨论；其次是时间上都做了限制，在紧张的气氛下，使参加者的大脑处于高度兴奋状态，有利于激励出新的设想；最后就是参加会议的人数不可过多，由于人数过多，将消耗较多时间，不利于提高效率。

智力激励技法通过与会者之间的相互激励，同时又相互补充和启发，使得参加者的创造性思维产生共振和连锁反应，并激发出更多的联想。该方法通过大量方案的分析和研究，只要其中有一个或几个有新颖价值的设想，就达到了与会者的目的。

4.2 组合创新法

4.2.1 功能组合法

功能组合指多种功能组合为一体的产品。例如，生产上用的组合机床、组合夹具、群钻等，生活上用的多功能空调、组合音响、组合家具。

功能组合法是最常用的创意方法，许多发明都是据此而来。

海尔的氧吧空调在创意上就是普通空调与氧吧的组合，氧吧空调通过向室内补充氧气，解决人们在密闭房间因氧气浓度过低引起的疲劳、困倦、大脑供氧不足、皮肤缺氧老化等问题，创造了空调市场上差异化的竞争优势。

数字办公系统集复印、打印、扫描及网络功能于一体，既快速又经济。图 4.4 所示的这种数字办公系统可以在一页上复印出 2 页或 4 页的原稿内容，可以每分钟打印 A4 幅面 16 页，可以直接扫描一个图像和文件，作为电子邮件的附件发送,还具有网络传真、传真待发等功能。人们渴望有一种完全不同于过去的全新的办公设备,能够解决现代个人桌面办公全部需求的多功能一体机正是在这样的大背景下应运而生。

图 4.4　万能打印机

给婴儿喂奶粉时,要保证奶水的温度在 40℃左右,但新手妈妈一般都比较缺乏经验,没有概念,很难准确的根据感觉判断奶水的温度,为了解决这一问题,有人将温度计与婴儿奶瓶加以组合,生产出具有温度显示功能的婴儿奶瓶。

类似的应用还有添加治疗牙病药物的牙膏,添加维生素、微量元素和人体必需氨基酸的食品,加入多种特殊添加剂的润滑油等。

图 4.5 所示的多用工具将多种常用工具的功能集于一身,为旅游和出差人员带来了方便。

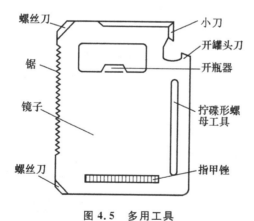

图 4.5　多用工具

4.2.2　同类组合法

为了满足人们越来越高的要求,常常将同一种功能或结构在一种产品上重复组合,这就是同类组合法。同类组合创造的产品往往具有组合的对称性或一致性的趋向,如双向拉锁、双排订书机、多缸发动机、双头液化气灶、双层文具盒、三面电风扇、双头绣花针、3000 个易拉罐组合在一起的汽车、1000 只空玻璃瓶组合在一起的埃菲尔铁塔等。再如以下例子:

婴儿车是宝宝最喜爱的散步交通工具,更是妈妈带宝宝上街购物时的必需品:常用的婴儿车只有一个座位,而双胞胎婴儿车是专门为双胞胎家庭设计的,可以同时乘坐两名婴儿,方便父母外出。双胞胎婴儿车又分左右并排式双胞胎婴儿车和前后并排式双胞胎婴儿车。

双人自行车的设计使两个人可以同时骑行,在具体结构上还分为双人前后骑自行车和双人左右骑自行车。

智能手机的使用改变了我们的生活方式,可不同品牌的智能手机数据充电线不能完全互换给用户带来诸多不便,有公司就发明了一拖十 USB 的多功能充电数据线。

将两个同样的单万向联轴器按一定方式连接,组成双万向联轴器(图4.6),就可以解决单万向联轴器的瞬时传动比不恒定的问题;图 4.7(b)所示的多楔带将多根带集成在一起,相比图 4.7(a)所示的多根 V 带来说,既保证了带长的一致,又提高了承载能力;图 4.8 所示为双蜗杆传动,用于传递动力时可以提高承载能力,用于传递运动时可以提高传动精度;图 4.9 所示为组合螺钉结构,解决了大尺寸螺钉拧紧困难的问题。

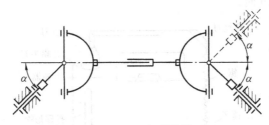

图 4.6　双万向联轴器

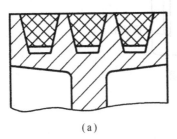

(a)

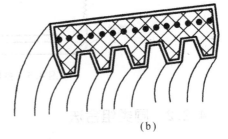

(b)

图 4.7　多根 V 带与多楔带

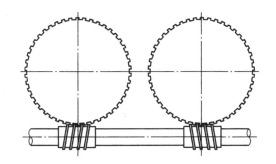

图 4.8　双蜗杆传动

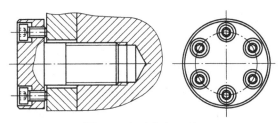

图 4.9　组合螺钉结构

4.2.3　异类组合法

异类组合法就是将两种或两种以上的不同事物进行组合,以图创新的技法。

异类组合法又称异物组合法,是指将两种或两种以上的不同种类的事物组合,产生新事物的技法。这种技法是将研究对象的各个部分、各个方面和各种要素联系起来加以考虑,从而在整体上把握事物的本质和规律,体现了综合就是创造的原理。

沙发床平时放置客厅或书房,充当座椅的功能;客人来临的晚上,展开沙发床,铺上被褥就是一张睡床。沙发床的设计将座椅和睡床两种功能合二为一,节省了对室内空间的占用。

电子黑板是一种代替传统黑板的高科技电子产品,电子黑板集稳定可靠的红外线感应定位技术、液晶显示屏技术和计算机技术于一体,跟电子白板不同,它集成了投影机、电子白板、液晶电视、电脑等诸多办公设备功能,加上特殊的书写软件,使信息处理更为方便,演示更为生动,不需要复杂的安装调试,降低了系统成本。

异类组合把不同事物合而为一,甚至能把看起来风马牛不相及的东西组合在一起,并使组合体在功能或性能上发生变革。异类组合显然不是异类事物的机械地拼凑、简单相加,而应该获得1+1>2的新功效。组合的形式如下。

4.2.3.1 结合

把服务于同样目标的几种有关事物集中或合并在一起而构成创造。如铅笔与橡皮结合,便组成使用方便的橡皮头铅笔;学生学习用台灯与表组合,组成方便的照明-计时两用灯;录像机与电视机组合成一体性的录像电视机不但节省占地,还可共用一些零部件;电灯与声控技术相结合,组成声控电灯;电话机与语音技术、录音技术相结合,就形成录音电话,均有新的功效。

4.2.3.2 重组

把事物或事物组的僵化或不合理的排列结构重新调整而产生创新功效。服装设计在相当程度上就是各部位款式与面料、服饰、缝制工艺的重新组合,因而完全可以用计算机辅助开展快速重组选择;把同一间屋内的家具做一下合理化的调整重组,也会产生很大的新意或增加活动空间;将录音机的各个部件进行重组也能演变出新款式或新功效。这就像七巧板,重新组合可以构成多种新意。

4.2.3.3 选组

选组则是对各种不同领域或互不相干的事物或技术,进行探讨性的组合尝试,从而开发组合演变中一些被遗忘的角落,选取有新功效的新组合。

选组可以采用平面坐标系或三维坐标系的信息交合来帮助运作。如采用平面坐标轴体系来开展新颖机加工技术选组时,先在横坐标点上逐一列举各种机加工的基本工艺,如焊接、切削、淬火、抛光、去毛刺、组装等,列举得越多越好。再在纵坐标点上逐一列举各种新技术,如超声加工、激光加工、红外加工、振动加工、电加工等,也是列举得越多越好。之后,便可开始将各横坐标点、各纵坐标点的信息逐一试组合,试组之后必然有三类情况:第一类是已经有的,不算创造,如激光切削等;第二类是确实没有组合意义的,也不是创造,如红外淬火加工等;第三类则是可以选择的有意义的创造,如振动切削等。由这些思路出发再做具体创新设计,选组组合的创造成功率不会很高,但也不排斥一些一般情况下很难设想的组合创新,这往往是常规思维以外的创新组合。

4.2.3.4 综合

即把结合、重组、选组及其他的演变方式综合起来,以求新的整体效应。

例如,美国在 20 世纪六七十年代组织实施的载人登月工程,或称"阿波罗计划"。阿波罗上天,在当时是个崭新的事物。但如果把组成"阿波罗计划"的各项技术加以解剖、分解,人们不难发现,其中并没有多少全新的东西。关键在于把各种技术巧妙地加以综合罢了。另外一个综合案例,20 世纪 70 年代曾有一架当时苏联最先进的米格-25 军用飞机叛逃到日本,其各项飞行性能当时均属于世界第一。然而西方的军事专家们在怀着浓厚的兴趣对该机作了研究后,却意外地发现这种神秘的米格-25 飞机并没有什么新的先进技术,甚至还用了许多通常早已被淘汰了的电子管,而其高性能的关键却只是充分利用了各种传统技术的优点,如电子管的优异抗电磁脉冲能力等,并根据系统工程的整体性原理作了最佳的整体综合,取得了最优的飞行性能。因而,组合法不应是简单的合并相加,而必须力求合理的组合匹配,才能取得充分的创新功效。

4.2.4　技术组合法

技术组合法指不同技术成分组合为一种新的技术。在组合时,应研究各种技术的特性、相容性、互补性,使组合后的技术具有创新性、突破性、实用性。

4.2.4.1　聚焦组合法

聚焦组合法是指以待解决的特定问题为中心,广泛地寻求与解决问题有关的各种已知的技术手段,最终形成一种或多种解决这一问题的综合方案,如图 4.10 所示。

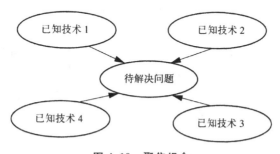

图 4.10　聚焦组合

4.2.4.2　辐射组合法

辐射组合法是指从某种新技术、新工艺、新的自然效应出发,广泛地寻找各种可能的应用领域,将新的技术手段和这些领域内的现有技术组合,可以形成很多新的应用技术,如图 4.11 所示。

例如,激光的原理早在 1916 年已被著名的美国物理学家爱因斯坦发现。激光是 20 世纪以来,继原子能、计算机、半导体之后,人类的又一重大发明,被称为"最快的刀""最准的尺""最亮的光"和"奇异的激光"。激光技术出现以后在各个领域得到了广泛应用。激光在科技、军事上的应用包括激光光谱、激光雷达、激光武器等。激光在生命科学研究中的应用包括激光诊断、激光治疗,其中激光治疗又分为激光手术治疗、弱激光生物刺激作用的非手术治疗和激光的光动力治疗。激光在工业上也得到了广泛应用,激光打标、激光打孔、激光裁床、激光切割、激光绣花等。从创新技法上来说这些都属于辐射组合方法的应用结果。

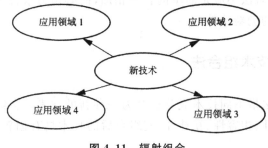

图 4.11 辐射组合

4.2.5 材料组合法

材料组合法指将不同材料在特定的条件下进行组合,有效地利用各种材料的特性,使组合后的材料具有更理想的性能。例如,各种合金、合成纤维、导电塑料(在聚乙炔的材料中加碘)、塑钢型材等。

例如,尽管石墨烯类材料具有优越的性能和广泛的应用,但在使用中仍然面临一些问题。例如,石墨烯在使用的过程中容易发生团聚,这就会降低石墨烯的性能,使其作用大打折扣。将石墨烯和碳纳米管进行复合,制备出多维复合材料,石墨烯可以促进碳纳米管的电子传输,碳纳米管又可以防止石墨烯堆积及增加材料的比表面积,同时又弥补了石墨烯的缺陷所引起的导电性能的下降。多维复合材料不仅能够解决石墨烯的团聚问题,而且保持了石墨烯的优越性能,因此,多维碳纳米复合材料被广泛应用于光电器件、超级电容器以及燃料电池等领域。C. H. Tung 等使用 Hummer 法制备出氧化石墨,将其与碳纳米管混合,再将其分散在无水 N_2H_4 中,最后经过 150℃退火处理制备出透明的碳纳米管/石墨烯复合材料,透光率达到 86%,在光电器件中用作透明电极。Y. Du 等将高度有序的热解石墨用强酸处理,增加了石墨层之间的距离,然后再使用 CVD 法在石墨烯层中沉积碳纳米管列阵。研究发现,该复合材料具有较大的比电容,在超级电容器以及燃料电池等领域应用前景广阔。J. H. Li 等在石墨烯纸表面通过 CVD 法制备出垂直生长的碳纳米管列阵,得到三维碳纳米复合材料,该材料具有优良的热稳定性、导电性、柔韧性以及化学稳定性,在染料敏化电池和锂离子电池等领域具有潜在的应用价值。K. S. Kim 等先在铜基底上通过 CVD 法制备出石墨烯,然后再使用 CVD 法在石墨烯表面生长出碳纳米管,制备出三维复合材料。通过控制碳源对石墨烯表面的碳纳米管生长机制进行研究,实验证明,在没有碳源的情况下,石墨烯表面同样会生长出碳纳米管,此时石墨烯将为碳纳米管的生长提供碳源。W. Liu 等先将二茂铁(Fc)接在壳聚糖(CS)上,并且与葡萄糖氧化酶(GOD)和单壁碳纳米管(SWNT)通过一步法电沉积,修饰到三维(3D)石墨烯表面,制备出石墨烯基生物传感器,该传感器对葡萄糖检测反应快速,有较大的浓度线性范围($5.0\mu mol \cdot L^{-1} \sim 19.8mmol \cdot L^{-1}$),较低的检测限($1.2\mu mol \cdot L^{-1}$)。

4.3 联想类比法

联想类比法包含了两个方面的内容,即联想技法和类比技法,两者之间相互关联、密不可分,该方法的本质是通过对研究的事务进行比较,借助已有的成熟知识,在异中求同,在同中存异的一种创造技法。

4.3.1 联想技法

4.3.1.1 接近联想

接近联想是从某一思维对象想到与它有接近关系的思维对象的联想思维。这种接近关系可能是时间和空间上的,也可能是功能和用途上的,还可能是结构和形态上的等。

俄国化学家门捷列夫在 1869 年宣布的化学元素周期表仅有 63 个元素。他将其按质量排列后,看到了空间位置的空缺,其空间位置的接近性使他产生了联想,进而推断出空间位置有尚未被发现的新元素,并给出了基本化学元素属性。后来的发现证明,该联想给出的基本化学属性是正确的。

4.3.1.2　相似联想

相似联想是从某一思维对象想到与它具有某些相似特征的另一思维对象的联想思维。这种相似既可能是形态上的,也可能是空间、时间、功能等意义上的。把表面差别很大,但意义上相似的事物联想起来,更有助于将创造思路从某一领域引导到另一领域。

例如,日本技术员由擀面杖擀面时产生联想发明了行星轧辊(图 4.12)。人们将绳梯扭曲能变短这一现象应用于一种利用纤维连杆将双向转动或摆动变换成直线往复运动的执行元件中(图 4.13)。由"同弧所对圆周角等于圆心角的一半"这一数学定理,人们创造出倍角机构,如图 4.14 所示。再如,人们利用陀螺效应制造磨削装置(图 4.15)。利用浮力的平衡原理以及将回转运动变换成直线运动的运动变换原理加以联想和扩展制成液面升降自动记录仪(图 4.16)。

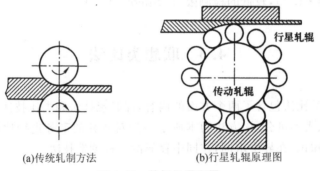

(a)传统轧制方法　　　　(b)行星轧辊原理图

图 4.12　轧钢机原理图

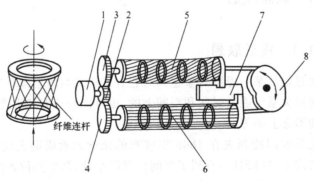

图 4.13　绳梯式柔软执行元件

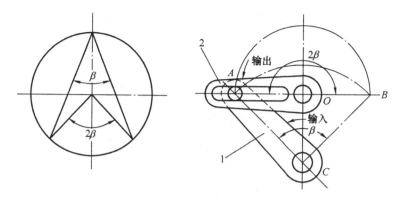

图 4.14 倍角机构

1—输入杆；2—输出杆

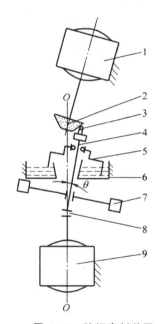

图 4.15 陀螺磨削装置

1、9—电动机；2—磨轮；3—工件；4—轴；5—制动轮；

6—容器；7—飞轮；8—同速联轴器

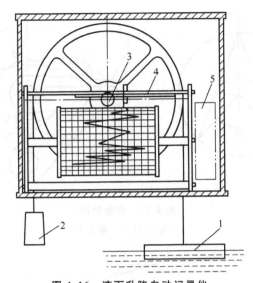

图 4.16　液面升降自动记录仪

1—浮子；2—重锤；3—小齿轮；4—齿条；5—发条机构

4.3.1.3　对比联想法

对比联想就是由事物间的完全对立或存在的某些差异而引起的联想。

一般的槽轮机构，其销子的运动轨迹为一个圆，因此在使用上有一定的局限性，即槽轮的运动时间和静止时间之比受到严格限制。如果销子不作圆

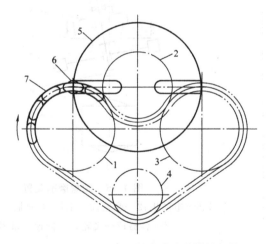

图 4.17　销子不作圆周运动的槽轮机构

1、2、3、4—链轮；5—槽轮；6—销子；7—链条

周运动，其运动的局限性能否改变？有人设计了一种销子不作圆周运动的装置。图 4.17 所示为这种特殊的槽轮机构，其销子沿着特定路线移动。

人们利用进与出的对比联想发明了旋转式真空泵（图4.18）。利用"运

动"与"静止"进行对比联想造出了制袋充填封口机(图4.19)。

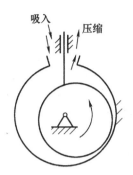

吸入 压缩

图4.18 旋转式真空泵示意图

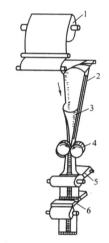

图4.19 制袋充填封口机示意图

1—卷筒薄膜;2—对折器;3—料斗;4—纵封辊;5—横封机构;6—裁切机构

4.3.1.4 强制联想

强制联想法是综合运用联想方法而形成的一种非逻辑型创造技法,是由完全无关或亲缘较远的多个事物牵强附会地找出其联系的方法。

强制联想有利于克服思维定式,特别是有利于发散思维,罗列众多事物,再通过收敛思维分析事物的属性、结构,将创造对象与众多事物的特点强行结合,能够产生众多奇妙的联想。例如,椅子和面包之间的强制联想,能引发出面包→软→软乎乎的沙发,面包→热→局部加热的保健椅(如按摩椅、远红外保健椅)等。

电子表的基本功能是计时,但和小学生强制联想后,则开发出小学生电子表,其功能也得到了开发和扩展,如当秒表用,当计步器用,节日查询、预告,课程表存储,特别日期特别提示等。

4.3.2 类比技法

类比创造技法的关键是寻找恰当的类比对象,这里需要直觉、想象、灵感、潜意识等多种心理因素。以两个不同事物的类比作为主导的创意方法系列,"它山之石,可以攻玉"就是这种方法的生动写照。

4.3.2.1 相似类比

一般指形态上、功能上、空间上、时间上、结构上等方面的相似。例如,尼龙搭扣的发明就是由一位名叫乔治·特拉尔的工程师运用功能类比与结构类比的技法实现的。这位工程师在每次打猎回来时总有一种叫大蓟花的植物粘在他的裤子上,当他取下植物与解开衣扣时进行了无意的类比,感觉到它们之间功能的相似,并深入分析了这种植物的结构特点,发现这种植物遍体长满小钩,认识到具有小钩的结构特征是粘附的条件。接着运用结构相似的类比技法设计出一种带有小钩的带状织物,并进一步验证了这种连接的可靠性,进而采用这种带状织物代替普通扣子、拉链等,也就是现在衣服上、鞋上、箱包上用的尼龙搭扣。鲁班设计的锯子也是通过直接类比法而发明的。在科学领域里,惠更斯提出的光的波动说,就是与水的波动、声的波动类比而发现的;欧姆将其对电的研究和傅里叶关于热的研究加以直接类比,把电势比作温度,把电流总量比作一定的热量,建立了著名的欧姆定律;库仑定律也是通过类比发现的,劳厄谈此问题时曾说过"库仑假设两个电荷之间的作用力与电量成正比,与它们之间的距离平方成反比,这纯粹是牛顿定律的一种类比"。

4.3.2.2 直接类比法

将创造对象直接与相类似的事物或现象做比较称为直接类比。

直接类比简单、快速,可避开盲目思考。类比对象的本质特征越接近,则成功率越大。比如,由天文望远镜制成了航海、军事、观剧以及儿童望远镜,不论它们的外形及功能有何不同,其原理、结构完全一样。

物理学家欧姆将电与热从流动特征考虑进行直接类比,把电势比作温度,把电流总量比作一定的热量,首先提出了著名的欧姆定律。

瑞士著名科学家皮卡尔原是研究大气平流层的专家。在研究海洋深潜器的过程中,他分析海水和空气都是相似的流体,因而进行直接类比,借用具有浮力的平流层气球结构特点,在深潜器上加一浮筒,让其中充满轻于海水的汽油使深潜器借助浮筒的浮力和压仓的铁砂可以在任何深度的海洋中自由行动。

4.3.2.3　象征类比

借助实物形象和象征符号来比喻某种抽象概念或思维情感。象征类比依靠直觉感知,并使问题关键显现、简化。文化创作与创意中经常用到这种创新技法。

著名哲学家康德曾说过:"每当理智缺乏可靠论证的思路时,类比这个方法往往能指引我们前进。"

4.3.2.4　拟人仿生类比

从人类本身或动物、昆虫等结构及功能上进行类比、模拟,设计出诸如各类机器人、爬行器以及其他类型的拟人产品。例如,日本发明家田雄常吉在研制新型锅炉时,就将锅炉中的水和蒸汽的循环系统与人体血液循环系统进行类比。即参照人体的动脉和静脉的不同功能以及人体心脏瓣膜阻止血液倒流的作用,进行了拟人类比,发明了高效锅炉,使其效率提高了10%。例如,类比鲨鱼皮肤研制的泳衣提高了游泳的速度。鲨鱼皮肤的表面遍布了齿状凸出物,当鲨鱼游泳时,水主要与鲨鱼皮肤表面上齿状凸出物的端部摩擦,使摩擦力减小,游速就增大。运用模仿类比技法,设计的新型泳衣由两种材料组成,在肩膀部位仿照鲨鱼皮肤,其上遍布齿状凸出物;在手臂下方采用光滑的紧身材料,减小了游泳时的阻力。在悉尼奥运会上这种泳衣获得了130个国家、地区游泳运动员的认可。

4.3.2.5　因果类比法

两个事物的各个事物之间可能存在着同一种因果关系,因此可根据一个事物的因果关系,推测出另一事物的因果关系。例如,蚌内有砂,砂被黏液包围而形成珍珠,有人据此因果关系,把异物放进牛的胆囊内,人工培植了牛黄。有人根据往面粉里加入发酵粉可以发面做出蓬松的馒头这个因果关系,在橡胶中加入发泡剂,制成了海绵橡胶。在合成树脂中加入发泡剂,得到质轻、隔热和隔音性能良好的泡沫塑料,于是有人就用这种因果关系,在水泥中加入一种发泡剂,发明了既质轻又隔热、隔音的气泡混凝土。以上这些创意方法,就称为因果类比法。

4.4　列举创新法

列举创新法把与解决问题的相关要素逐一罗列出来,将复杂的事物剖析分解后分别进行研究,帮助人们感知问题的方方面面,从而寻求合理的解决方案。

4.4.1　特性列举法

特性列举法是先列举一些设计的主要属性,然后提出改进每个属性的各种办法。其目标是将注意力集中在基本问题,以便激发出解决问题的更好构思。因此将属性列举法与系统设问法组合应用,通过创造性思维的作用,有助于探索研究对象的一些新设想。

属性列举法的操作步骤如下:

(1)列出构想、装置。产品、系统或者问题主体的主要属性。

(2)改变列出的主要属性,改进所要解决的构想、装置、产品、系统或者问题的主体,而不考虑实际的可能性。

例如:传真机的改进设计。

传真机的主要属性。

·机器的功能。

·纸张的种类。

·纸张的大小。

·机器的外形。

每一项属性的改进构想。

·附加功能。电话、复印、录音、收音机、闹钟。

·纸张种类。普通纸、特殊纸、投影片。

·纸张大小。A4、A3、B4、B3、口袋大小、可调。

·机器外形。椭圆形、方形、圆形、三角形。

比如运用特性列举法提出电风扇创新设计新设想。

第一步,分析现有的电风扇,了解其基本组成、工作原理、性能及外观特点等问题。

第二步,对电风扇进行特性列举。

(1)名词特性。

整体:落地式电风扇;

部件：电机、扇叶、网罩、立柱、底座、控制器；

材料：钢、铝合金、铸铁；

制造方法：铸造、机加工、手工装配。

(2)形容词特性。

性能：风量、转速、转角范围；

外观：圆形网罩、圆形截面立柱、圆形底座；

颜色：浅蓝、米黄、象牙白。

(3)动词特性。

功能：扇风、调速、摇头、升降。

第三步,提出改进新设想。

(1)针对名词特性进行思考。

设想一：扇叶能否再增加一个？即换用两头有轴的电动机,前后轴上装上相同的两个扇叶,组成"双叶电风扇",再使电动机座能旋转180°,从而使送风面达360°。

设想二：扇叶的材料是否改变？比如用檀香木制成扇叶,再在特配的中药浸剂中加压浸泡,制成含有保健元素的"保健风扇"。

设想三：调节风速大小和转速高低的控制按钮能否改进？改成遥控式可不可以？能不能加上微电脑,使电风扇智能化？能否制成"遥控风扇""智能风扇"？

(2)针对形容词特性思考。

设想一：能否将有级调速改为无级调速？

设想二：网罩的外形是否多样化？克服清一色的圆形有无可能？椭圆形、方形、菱形、动物造型？

设想三：电风扇的外表颜色能否多样化？能否采用彩色或变色使其更美观以吸引消费者？

(3)针对动词特性思考。

设想一：使电风扇具有驱赶蚊子的功能。

设想二：冷热两用扇,既能扇凉风,又能扇热风。

设想三：消毒电风扇,能定时喷洒消毒剂,消除空气中的病菌,用于公共场合及医院病房。

设想四：理疗风扇,它不仅能带来凉意,而且具有理疗功能。

4.4.2　缺点列举法

缺点列举就是揭露事物的不足之处,向创造者提出应解决的问题,指明创新方向。

该方法目标明确,主题突出,它直接从研究对象的功能性、经济性、审美性、宜人性等目标出发,研究现有事物存在的缺陷,并提出相应的改进方案。虽然一般不改变事物的本质,但由于已将事物的缺点一一展开,使人们容易进入课题,较快地解决创新的目标。这一方法反向思考有时就是对于希望点的列举,如白炽灯的寿命太短,如果反向思考就是希望得到寿命更长的白炽灯。

缺点列举的具体方法有:

(1)用户意见法。设计好用户调查表,以便引导用户列举缺点,并便于分类统计。

(2)对比分析法。先确定可比参照物,再确定比较的项目(如功能、性能、质量、价格等)。

物理学家李政道,在听一次演讲后,知道非线性方程有一种叫孤子的解。他为弄清这个问题,找来所有与此有关的文献,花了一个星期时间,专门寻找和挑剔别人在这方面研究中所存在的弱点。后来发现,所有文献研究的都是一维空间的孤子,而在物理学中,更有广泛意义的却是三维空间,这是不小的缺陷与漏洞。他针对这一问题研究了几个月,提出了一种新的孤子理论,用来处理三维空间的某些亚原子过程,获得了新的科研成果。对此李政道发表过这样的看法:"你们想在研究工作中赶上、超过人家吗?你一定要摸清在别人的工作里,哪些地方是他们的缺陷。看准了这一点,钻下去,一旦有所突破,你就能超过人家,跑到前面去了。"

我们可以列举日常穿的衬衣的各种缺点,如扣子掉后很难再买到原样的扣子来配上,针对这一缺点,衬衣生产厂就在衬衣的隐蔽地方缝上两颗备用纽扣。再有就是衬衣的领口容易坏,针对这一缺点,有的生产厂就设计出活式领口,每件衬衣出厂时就配有两个以上的活领。

当爆发流感的时候,进入公共场合通常需要测量体温,传统的体温计必须接触身体才能测量,如果用同一体温计来测量不同人的体温,有时可能会发生交叉传染。从防止疾病传染的角度出发,有必要研制非接触式体温计,于是出现了红外体温计,可准确地从人的皮肤的红外辐射中测量体温。

4.4.3 希望点列举法

设计者从社会需要或个人愿望出发,通过列举希望点来形成创新目标,这种创新技法称为希望点列举法。将这些希望点具体化,并列举、归类和概括出来,往往就会形成一个可供选择的发明课题。可以通过召开希望点列举会,发动群众多方面捕捉来获取希望点,因为集体的智慧总比个人的智慧大。

很多人都喜欢溜冰、玩滑板,但是我们知道,溜冰鞋和滑板都是只能前进而不能随意后退,那么能不能设计出既能前进又能后退并且进退自如的游玩器具呢? 有个日本青年根据脚踏板曲轴将二轮车的直轴直接改变为曲轴,如图 4.20 所示。

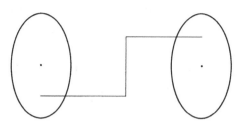

图 4.20　进退自如的脚踏车示意图

又如希望设计一种能够在各种材料上进行打印的打印机。沿着这样一个希望点进行研究,就研制出一种万能打印机。这种打印机对厚度的要求可放宽到 120mm,打印的材料可以是大理石、玻璃、金属等,并可用六种颜色打印。打印的字、符号、图形能耐水、耐热、耐光,而且无毒。

4.5　移植创新法

移植法就是把某一领域的原理或方法借用到另一领域,从而构成创新的演变方法。

市场如战场,日本企业家早已把我国的《孙子兵法》移植应用到市场竞争,如今又把创造学移植到机械设计、企业创新经营、各类其他产品的设计。再如,机械传动中的齿轮传动属啮合传动,啮合传动具有传动可靠、平稳、效率高等优点,但不适合远距离传动。作为摩擦传动的带传动虽然存在相对滑动、传动不可靠、效率低等不足,但可适用于远距离传动。将齿轮传动的啮合原理移植到摩擦带传动中,把刚性带轮与挠性带设计成互相啮合的齿状,就产生了齿形带,即同步带传动。

移植法必须从实际情况与需要出发,绝不是全盘照搬,因而移植的重点应该放到对原理与方法的移植上来,在移植中开展再创造。

移植思维的关键是要发现不同问题之间类似的地方。具体的方法有以下几种。

4.5.1　原理移植

在医学史上,奥地利医生奥恩布鲁格,其父亲是个酒商,奥恩布鲁格经常看见他父亲用手指上下敲酒桶的木盖,从木酒桶发出的声音判断酒桶内是否有酒,有多少酒。有一次奥恩布鲁格给一个病人看病,但一直到这个病人死了,都没有诊断出患的什么病。后来,经过对死者尸体的解剖,才发现病人胸腔已化脓,积满了水。在这种情况下,奥恩布鲁格经过思索与研究,就把其父亲用手指叩击木桶盖听声音来判断桶内酒量多少的方法移植到医学上来,经过临床的观察、试验,终于发明了叩诊法。

4.5.2　方法移植

指操作手段与技术方案的移植。例如,密码锁或密码箱可以阻止其他人进入房间或打开箱子,将这种方法移植到电子信箱或网上银行上就是进入电子信箱或网上银行时必须要先输入正确密码方可进入。另外的例子还有将金属电镀方法移植到塑料电镀上。

4.5.3　结构移植

指结构形式或结构特征的移植。例如,滚动轴承的结构移植到移动导轨上产生了滚动导轨,移植到螺旋传动上产生了滚动丝杠;积木玩具的模块化结构特点移植到机床上产生了组合机床,移植到家具上产生了组合家具等。

4.6　形态分析法

形态表分析法是一种系统搜索和程式化求解的创新技法,这种方法以建立形态学矩阵为基础,通过对创造对象进行因素分解,找出因素可能的全部形态(技术手段),再通过形态学矩阵进行方案综合,得到方案的多种可行解,从中筛选出最佳方案。所谓因素,指构成事物的特性,如产品的用途、产品的功能等。形态指实现相应功能或用途的技术手段,如以"时间控制"功能作为产品的一个因素,那么"手动控制""机械定时器控制""计算机控制"则为相应因素的表现形态。形态分析是对创造对象进行因素分解和形态综合的过程,在这一过程中,发散思维和收敛思维起着重要的作用。

图 4.21 所示为一个典型的形态学表,其中组合 $A_3B_2C_4D_2$ 或许是一个可行解,或许被证明为不可实现。

设计参数	可能子解				
A	A_1	A_2	A_3		A_4
B		B_1	B_2		B_3
C	C_1	C_2	C_3	C_4	C_5
D		D_1	D_2	D_3	D_4

图 4.21　一个典型的形态学表

4.7　其他方法

4.7.1　奥斯本检核表法

奥斯本检核表提问要点的内容有九个方面,针对某一产品或事物介绍如下所述。

(1)能否它用? 可提问:现有事物有无其他用途? 稍加改进能否扩大用途? 包括思路扩展、原理扩展、应用扩展、技术扩展、功能扩展、材料扩展。

尼龙最早用于军事领域,主要用来制造降落伞等,因为不是面向大众,所以销量极少,为了增大销量,人们开始思考,是否可以用他来制造别的东西,后来被制作袜子、雨伞等生活日用品以及齿轮、轴承等零件,销量开始急剧增加。

(2)能否借用? 可提问:能否借用别的经验? 模仿别的东西? 过去有无类似的发明创造创新? 现有成果能否引入其他创新成果。

振荡可以增强散乱堆积颗粒的聚合效果。压路机的工作原理是通过滚轮靠自重将路面的沙石压实,现在的压路机在其滚轮上加上振荡装置就形成了振荡压路机,这样就可以显著地增强压路机的碾压效果。踩在香蕉皮上比其他水果皮上更容易使人摔跤,原因在于香蕉皮由几百个薄层构成,且层间结构松弛,富含水分,借用这个原理,人们发明了具有层状结构性能优良的润滑材料——二硫化钼。同样的道理,乌贼靠喷水前进,前进迅速而灵活,模仿这一原理,人们发明了“喷水船”,这种喷水船先将水吸入,再将水从船尾猛烈喷出,靠水反作用力使船体迅速行驶。

(3)能否改变? 可提问:能否在意义、声音、味道、形状、式样、花色、品种等方面改变？改变后效果如何？

最早的铅笔杆是圆形截面,而绘图板通常是有点倾斜的,因此,铅笔很容易滚落掉地,摔断铅芯。后来人们想到将笔杆的圆形截面改成正六边形截面,就很好地解决了这一问题。

(4)能否扩大？ 可提问:能否扩大使用范围、增加功能、添加零部件、增加高度、提高强度、增加价值、延长使用寿命?

扩大的目的是为了增加数量,形成规模效应;缩小是为了减少体积,便于使用,提高速度。大小是相对的,不是绝对的,更大、更小都是发展的必然趋势。在两块玻璃中加入某些材料可制成防震或防弹玻璃;在铝材中加入塑料做成防腐防锈、强度很高的水管管材和门窗中使用的型材;在润滑剂中添加某些材料可大大提高润滑剂的润滑效果,提高机车的使用寿命。

(5)能否缩小？ 可提问:能否减少、缩小、减轻、浓缩、微型、分割?

随着社会的进步和生活水平的不断提高,产品在降低成本、不减少功能、便于携带和便于操作的要求下,必然会出现由大变小、由重变轻、由繁变简的趋势。如助听器可以小到放进耳蜗里,计算器可集合在手表上,折叠伞可放到挎包里等。以缩小、简化为目标的创造发明往往具有独特的优势,在自我发问的创新技巧中,可产生出大量的创新构想。

(6)能否代用？ 可提问:能否用其他材料、元件、原理、方法、结构、动力、结构、工艺、设备进行代替?

人造大理石、人造丝是取而代之的很好范例。用表面活性剂代替汽油清洗油污,不仅效果好,而且节约能源。用液压传动代替机械传动,更适合远距离操纵控制。用水或空气代替润滑油做成的水压轴承或空气轴承,无污染,效率高。用天然气或酒精代替汽油燃料,可使汽车的尾气污染大大降低。数字相机用数据存储图像,省去了胶卷及胶卷的冲印过程,而且图像更清晰,在各种光线条件下可以拍摄很好的照片。

(7)能否调整？ 可提问:能否调整布局、程序、日程、计划、规格、因果关系?

飞机的螺旋桨一般在头部,有的也放在尾部,如果放在顶部就成了直升机,如果螺旋桨的轴线方向可调,就成了可垂直升降的飞机。汽车的喇叭按钮原来设计在方向盘的中心,不便于操作且有一定的危险性,将按钮设计在方向盘圆盘下面的半个圆周上就可以很好地解决潜在的危险问题。根据常识可知自行车在高速前进时,采用前轮制动容易发生事故,于是有人就设计了无论用左手或右手捏住制动器,自行车都将按"先后再前"的顺序制动,从而可以大大降低事故的发生率。

(8)能否颠倒？ 可提问:能否方向相反、变肯定为否定、变否定为肯定、变模糊为清晰、位置颠倒、作用颠倒？

将电动机反过来用就发明了发电机；将电扇反装就成了排风扇；从石油中提炼原油需要把油、水分离，但为了从地下获得更多的原油，可以先向地下的油中注水；单向透光玻璃装在审讯室里，公安人员可看见犯罪嫌疑人的一举一动，而犯罪嫌疑人却无法看见公安人员。反之，将这种玻璃反过来装在公共场所，人们既可以从里面观赏外面的美景，又能防止强烈的太阳光直接射入。

（9）能否组合？ 可提问：能否事物组合、原理组合、方案组合、材料组合、形状组合、功能组合、部件组合？

两个电极在水中高压放电时会产生"电力液压效应"，产生的巨大冲击力可将宝石击碎；而在一个椭球面焦点上发出的声波，经反射后可在另一个焦点汇集。一位德国科学家将这两种科学现象组合起来，设计出医用肾结石治疗仪。他让患者躺在水槽中，使患者的结石位于椭球面的一个焦点上，把一个电极置于椭球面的另一个焦点上，经过 1 分钟左右不断地放电，通过人体的冲击波能把大部分结石粉碎，而后逐渐排出体外，达到治疗的目的。

奥斯本检核表法是一种具有较强启发创新思维的方法。它的作用体现在多方面，是因为它强制人去思考，有利于突破一些人不愿提问题或不善于提问题的心理障碍，还可以克服"不能利用多种观点看问题"的困难，尤其是提出有创见的新问题本身就是一种创新。它又是一种多向发散的思考，使人的思维角度、思维目标更丰富，另外检核思考提供了创新活动最基本的思路，可以使创新者尽快集中精力，朝提示的目标方向去构想、创造、创新。该法比较适用于解决单一问题，还需要结合技术手段才能产生出解决问题的综合方案。

4.7.2 设问 5w2h 法

"5w2h"法由美国陆军部提出，即通过连续提问为什么、做什么、谁去做、何时做、何地做、怎样做、做多少 7 个问题，构成设想方案的制约条件，设法满足这些条件，便可获得创新方案。其具体内容如图 4.22 所示。

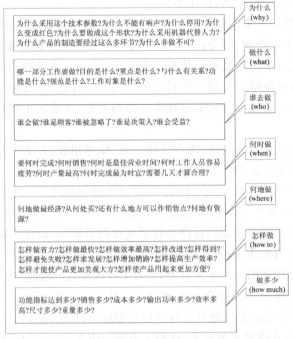

图 4.22　设问 5w2h 法的具体内容

图 4.22 中的 7 个问题可以依次提问,有问题的可以求解答案,没有问题时可转到下一个问题。下面以自行车为例说明 5w2h 法的使用过程。比如当问到第 3 个问题谁去做时,就可以想到自行车是谁来使用,可能是成年男女、青年男女、少年儿童、老年人、运动员和邮递员等,考虑一下他们都各需要什么样的自行车。当问到第 5 个问题何地做时,就可想到城市公路、乡村小路、山地、泥泞路、雪路、健身房等地点,考虑不同的地点和环境对自行车有什么要求和需求。当问到第 7 个问题做多少时,就可以想到销量、成本、重量、尺寸、寿命等问题,来考虑营销策略、加工工艺、材料选择等解决方案。

4.7.3　行停法

这是美国著名的创造学家奥斯本研究总结出来的一套设问方法。他通过"行"(go)——发散思维(提出创造性设想)与"停"(stop)——收束思维(对创造性设想进行冷静的分析)的反复交叉进行,逐步接近所需解决的问题。行停法的操作步骤如图 4.23 所示。

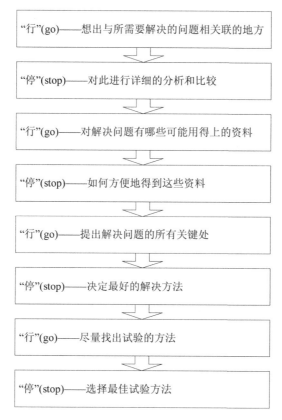

图 4.23　行停法的操作步骤

4.7.4　聪明十二法

这是上海市创造学工作者许立言、张福奎为青少年制订的检核表,由于通俗易懂,连小学生均可掌握,共 12 条,所以称"聪明的办法十二条"或发明创造"一点通"。具体内容如图 4.24 所示。

图 4.24 聪明十二法的具体内容

4.7.5 输入/输出法

机械创新设计的技法很多,如输入/输出法,这种方法又称为"黑匣"或"黑箱"法。这种方法把期望的结果作为输出,把能产生此输出的一切可以利用的条件作为输入,从输入到输出经历由联想提出设想,再运用限制条件反复评价、筛选这些设想的反复、交替的过程,最后得出理想输出,其原理图如图 4.25 所示。

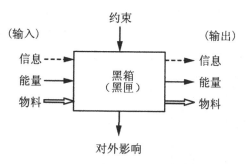

图 4.25　输入/输出法原理图

下面以构思一种机械零件去毛刺机床为例来说明运用黑匣分析法进行方案构思的步骤与过程。

（1）根据产品的用途确定黑匣的输入与输出内容。

目前，去毛刺技术主要是采用直接的机械方法或开发专用的去毛刺设备。对于生产批量较大的机械零件（如齿轮），如果采用直接的机械方法去毛刺，则费工、费时、劳动强度大，并且只能靠目测和感觉操作，去毛刺的质量难以保证，生产效率低。

对于机械零件去毛刺机床而言，带毛刺的零件是已知条件，因此其输入内容是"带毛刺的零件"；而不带毛刺的零件是该产品的目的，故输出内容是"不带毛刺的零件"。

设计约束条件可以确定为去毛刺的能力，加工对零件尺寸、材料的影响，使用成本，加工成本和加工范围等，具体内容可以根据实际情况增加。

（2）黑匣建立好以后，便可以从输入与输出端两个方向去构思黑匣内的具体内容，得到黑匣内的第一层分析内容，如图 4.26 所示。通过加工方法的比较与评价，选择 3 种加工方法进入第二层。

（3）根据黑匣中构思出来的第一层内容进行第二层方案内容的构思，如图 4.27 所示。

通过几种机床的分析可知，电火花去毛刺工艺简单、效果好、使用成本低，对工件环境没有什么影响，另外比较重要的是：电火花去电刺还可产生一层表面强化层，明显地提高了齿轮的强度、硬度、耐磨性、耐腐蚀性和耐热性，因此应当广泛推广。

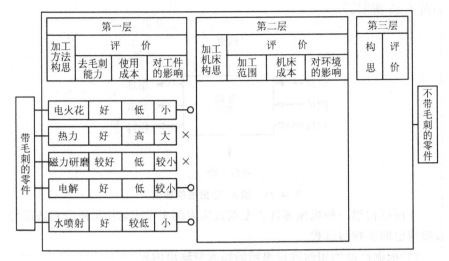

图 4.26 机械零件去毛刺的方法构思

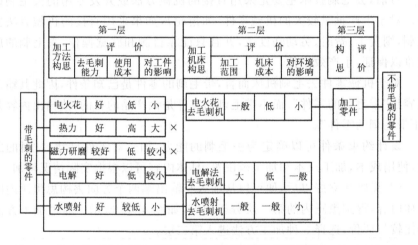

图 4.27 机械零件去毛刺机床的方案构思

4.7.6 功能分析法

采用对产品进行功能分析的方法,可以把对产品具体结构的思考转化为对产品功能的思考,从而可以撇开产品形式结构对思维的束缚,放开手脚搜寻一切能满足产品功能要求的工作原理,探索满足这些工作原理的技术装置——功能载体,并且通过对各种功能载体的组合和优选,找到能实现产品功能要求并具有创造性的设计方案。这种紧紧围绕产品功能进行分析、分解、求解、组合、优选的方案设计方法称为功能分析法。

4.7.6.1　功能分析法的一般步骤

功能分析法的步骤和各设计阶段应用的主要方法如图 4.28 所示。

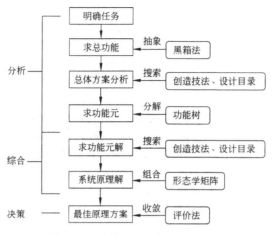

图 4.28　功能分析设计法的步骤

下面以手动剃须刀原理方案设计为例来说明功能设计法的一般步骤。

设计便携式手动微型剃须刀，要求体积小，使用方便，价格低廉。

（1）功能分析。

总功能：须肤分离

（2）工作原理分析。须肤分离与草地去草（叶茎分离）或切削工件（切屑与坯件分离）有些类似，但皮肤需要更好的保护。

机械式去须可用拔须、剪须、剃须等。剃须又可采取移动刀剃削或回转刀剃削。要求刀具运动均匀，以提高去须效果并保护皮肤。

现以往复手动的回转刀剃削为例进行下一步分析。

（3）功能分解。

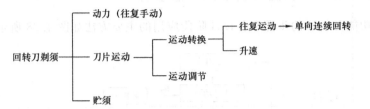

（4）功能求解。探求各功能元解并列出形态学矩阵综合表，如表 4-1
所示。

表 4-1　手动剃须刀的形态学矩阵综合表

功　能　元		功能元解		
		1	2	3
A	手动（方式）	往复移动	往复摆动	
B	往复移动—连续回转	齿条—齿轮	滑块曲柄	
C	往复摆动—连续回转	扇形齿轮	摇杆曲柄	
D	升速	定轴轮系	周转轮系	摩擦轮系
E	运动调节	离心调速	飞轮	
F	贮须	盒式	袋式	

由此可组成手动往复移动或往复摆动各 48 种方案供选择。

（5）原理方案。图 4.29 所示为一种较好的手动剃须刀原理方案，即采
用往复移动（A_1）—齿条—齿轮（B_1）—定轴轮系（D_1）—飞轮（E_2）—盒式贮
须（F_1）组合。该设计已形成专利产品。

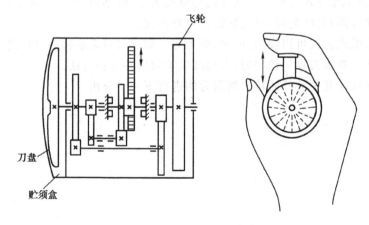

图 4.29　手动剃须刀原理方案图

4.7.6.2 原理解法的设计目录

设计是获取信息和处理信息的过程。如何合理地存储信息及更快捷地提供信息,是提高设计效率的有效措施。

设计目录是一种设计信息库。它把设计过程中所需的大量信息有规律地加以分类、排列、储存,以便于设计者查找和调用。

1.逻辑功能元

逻辑功能元为"与""或""非"三元,主要用于控制功能。基本逻辑关系见表 4-2。其部分解法目录列于表 4-3。

表 4-2　基本逻辑关系

功能元	关系	符号	逻辑方程	真值表(0—无信号;1—有信号)			
与	若 A 与 B 有则 C 有	A B ⟩— C	$C=A \wedge B$	A 0 1 0 1 B 0 0 1 1 C 0 0 0 1			
或	若 A 或 B 有则 C 有	A B ⟩— C	$C=A \vee B$	A 0 1 0 1 B 0 0 1 1 C 0 1 1 1			
非	若 A 有则 C 无	A —o— C	$C=\overline{A}$	A 0 1 C 1 0			

表 4-3　逻辑功能的解法目录

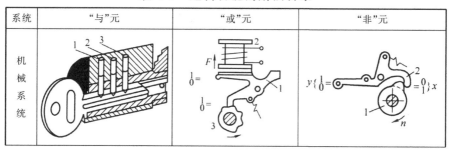

系统	"与"元	"或"元	"非"元

系统	"与"元	"或"元	"非"元
强电系统			
电子系统			
射流系统（气动元件）			
射流系统（射流元件）			
气液系统			

2. 数学功能元

数学功能元分为加减、乘除、乘方和开方、积分和微分四组，也可按机械、强电、电子各领域列出有关解法目录。

3. 物理功能元

物理功能元反映系统中能量、物料及信号变化的物理基本作用。功能元可通过多种物理效应搜索求解，表 4-4 所示为部分物理功能元的解法目录。

表 4-4　部分物理功能元的解法目录

功能元		力学机械	液气	电磁
力的产生	静力	弹性能　位能	液压能	静电　压电效应
	动力	离心力	液体压力效应	电流磁效应
摩擦阻力的产生		机械摩擦	毛细管	电阻
力-距离关系		片簧	气垫	电容
固体的分离		摩擦分离　$\mu_2 > \mu_1$	浮力　$\gamma_{k1} < \gamma_F < \gamma_{k2}$	磁分离　磁性　非磁性
长度距离的放大		杠杆作用　$s_2 = s_1 \dfrac{l_2}{l_1}$	流体作用　$s_2 = \dfrac{A_1}{A_2} s_1$	
		楔作用　$s_2 = s_1 \tan \alpha$	毛细管作用　$\Delta h = h_1 - h_2$　$\Delta r = r_1 - r_2$　$\Delta h = -\dfrac{\Delta r}{r_1^2 - r_1 \Delta r} \cdot \dfrac{2\sigma \cos \varphi}{\rho g}$	

在一定的物理效应下进一步采用多种机构求解，如力的放大功能元解

可用表4-5所示的基本增力机构和表4-6所示的二次增力机构来表达。

表4-5　基本增力机构

机构	杠杆		曲杆(肘杆)	楔	斜面	螺旋	滑轮
简图							
公式	$F_2 = F_1 \dfrac{l_1}{l_2}$ $(l_1 > l_2)$	$F_2 = F_1 \dfrac{l_1}{l_2}$	$F_2 = \dfrac{F_1}{2}\tan\alpha$ $(\alpha > 45°)$	$F_2 = \dfrac{F_1}{2\sin\dfrac{\alpha}{2}}$	$F_2 = \dfrac{F_1}{\tan\alpha}$	$F = \dfrac{2T}{d_2\tan(\lambda+\rho)}$ d_2 为螺杆中径；λ 为螺杆升角；ρ 为当量摩擦角	$F_2 = \dfrac{F_1}{2}$

表4-6　二次增力机构

输出 输入	序号	斜面	肘杆
		1	2
斜面（螺旋）	1		
肘杆	2		
杠杆	3		
滑轮	4		

续表

输出 输入	序号	杠杆	滑轮
		3	4
斜面 （螺旋）	1	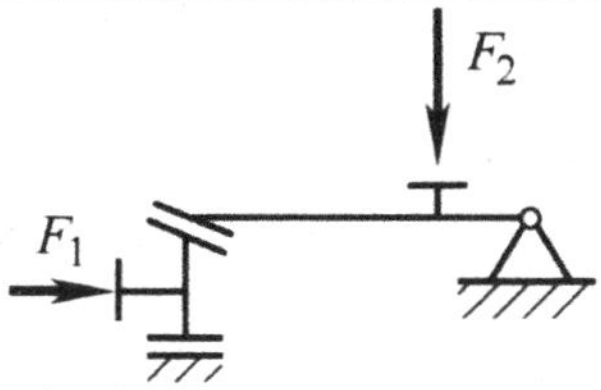	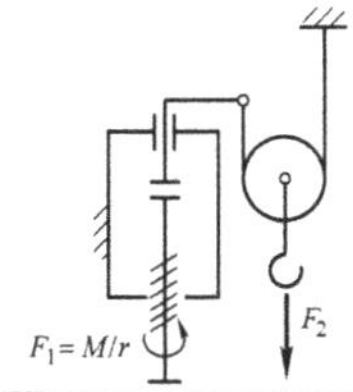
肘杆	2	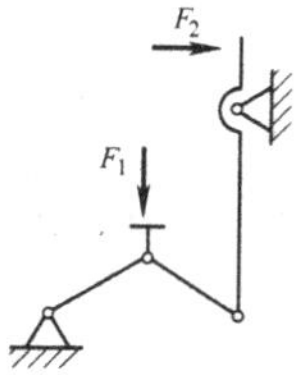	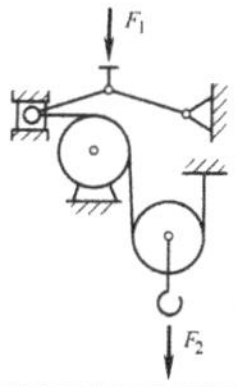
杠杆	3	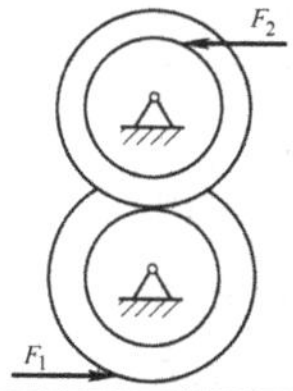	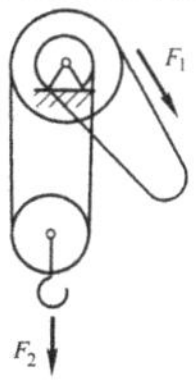
滑轮	4	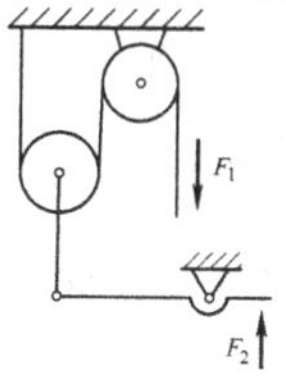	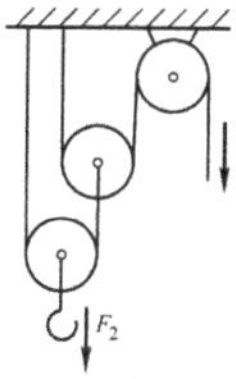

4.7.6.3　设计目录的编制

以机械传动系统的设计目录编制为例加以说明。

机械传动系统的功能分析如图 4.30 所示。

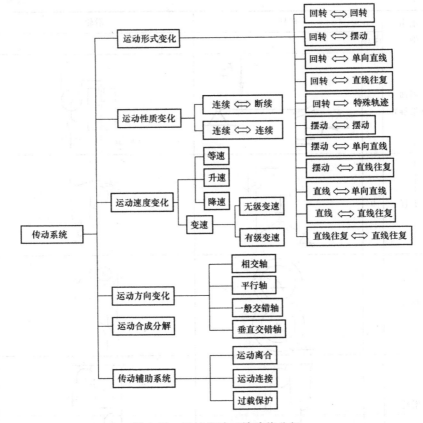

图 4.30 机械传动系统功能分析

针对每项功能元去搜索尽可能多的解,如运动方向变化和运动形式变化可列出如表 4-7 和表 4-8 所示的基本机构,通过基本机构的组合还可得到更多的解。

表 4-7 运动方向变化的基本机构

功能			基本机构
运动方向变化	平行轴	同向	圆柱齿轮传动(内啮合)、圆柱摩擦轮传动(内啮合)、带传动、链传动、同步带传动等
		反向	圆柱齿轮传动(外啮合)、圆柱摩擦轮传动(外啮合)、交叉带传动等
	相交轴		锥齿轮传动、圆锥摩擦轮传动等
	交错轴	轴错角不等于90°	交错轴斜齿轮传动
		轴错角=90°	蜗杆传动、交错轴斜齿轮传动、摩擦轮传动等

表 4-8　运动形式变化的基本机构

运动形式变化				基本机构	其他机构
原动运动	从动运动				
连续回转	连续回转	变向	平行轴 同向	圆柱齿轮机构(内啮合) 带传动机构 链传动机构	双曲柄机构 回转导杆机构
			平行轴 反向	圆柱齿轮机构 (外啮合)	圆柱摩擦轮机构 交叉带(或绳、线)传动机构 反平行四边形机构(两长杆交叉)
		相交轴		锥齿轮机构	圆锥摩擦轮机构
		交错轴		蜗杆机构 交错轴斜齿轮机构	双曲柱面摩擦轮机构 半交叉带(或绳、线)传动机构
		变速	减速 增速	齿轮机构 蜗杆机构 带传动机构 链传动机构	摩擦轮机构 绳、线传动机构
			变速	齿轮机构 无级变速机构	塔轮带传动机构 塔轮链传动机构
	间歇回转			槽轮机构	非完全齿轮机构
回转	摆动	无急回性质		摆动从动件凸轮机构	曲柄摇杆机构 (行程传动比系数 $K=1$)
		有急回性质		曲柄摇杆机构 摆动导杆机构	摆动从动件凸轮机构
	移动	连续移动		螺旋机构 齿轮齿条机构	带、绳、线及链传动 机构中的挠性件
		往复移动	无急回性质	对心曲柄滑块机构 移动从动件凸轮机构	正弦机构 不完全齿轮(上下)齿条机构
			有急回性质	偏置曲柄滑块机构 移动从动件凸轮机构	
	平面复杂运动 特定运动轨迹			连杆机构(连杆运动) 连杆上特定点的运动轨迹	
摆动	摆动			双摇杆机构	摩擦轮机构 齿轮机构
	移动			摆杆滑块机构 摇块机构	齿轮齿条机构
	间歇回转			棘轮机构	

利用机械传动设计目录求解下面的例子。

例:设计化工厂双杆搅拌器的机械传动装置。

对于该传动装置,已知电动机转速 $n=960$ r/min,要求两搅拌杆以 240

次/min 的速度同步往复摆动(摆动方向不限)。

(1)功能分析

$$双杆搅拌 \begin{cases} 降速(传动比~i=4) \\ 回转 \longrightarrow 摆动 \\ 两杆同摆 \end{cases}$$

(2)机械传动方案综合

各分功能解形态学矩阵综合表如表 4-9 所示。

表 4-9   传动方案的形态学矩阵综合表

分功能	1	2	3	4	
A	降速($i=4$)	齿轮传动	带传动	链传动	摩擦轮传动
B	回转-摆动	曲柄摇杆机构	摆动 导杆机构	凸轮机构 (摆动从动件)	
C	双杆同摆	平行四边形机构	对称凸轮 (摆动从动件)		

各取三种分功能的一种解法组合得到传动装置的一种方案,可组合的最多方案数 N 为

$$N=4\times3\times2=24$$

(3)方案评选

考虑化工厂工作环境恶劣且摩擦传动体积相对较大,故选用啮合传动,图 4.31 所示两方案可供进一步选择。

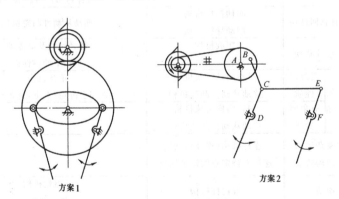

图 4.31   双杆搅拌器原理方案

方案 1:电动机—齿轮传动(A_1)—凸轮机构(B_3)—对称凸轮(C_2)。

特点:结构紧凑。

方案 2:电动机—链传动(A_3)—曲柄摇杆机构(B_1)—平行四边形机构(C_1)。

特点:可远距离传动,成本较低。

第5章 机构的创新设计

在实际的工程机械中,单一的基本机构得到了广泛应用,但当实现比较复杂的运动形式时,常常需要对机构重新构型,即进行机构的创新设计。机构的创新设计是机械创新设计的重要环节,基本方法有机构的变异、机构的组合、机构的再生、广义机构的应用等。

5.1 简单机构的创新设计

5.1.1 简单动作功能机构的特点和应用

有一些常用的机械、用具或工具要求的动作并不是很复杂,只需要比较少数量或种类的构件就能够完成所预期的动作。这些机械利用构件几何形体进行巧妙地结合就能够实现相互锁合或相互动作的功能。可以将这些机械的设计方法称为简单动作功能的求解方法。

人类使用机械首先是从简单动作机械开始的,例如杠杆、轮轴、刀、锯、弓箭、弩、针线、门窗等。其结构简单,零件数量很少,但是反映了当时的机械设计水平和发展。

直到近代,虽然复杂的机械系统得到了迅速的发展,但是诸如拉链、魔方、双动开关、弹子锁、列车挂钩、鼠标、折叠伞等应用简单动作功能的新产品层出不穷,说明简单动作功能的求解仍然是现代机械设计的一个重要内容,值得我们注意和研究。这类机械零件数目不多,所需制造技术和设备一般要求不高,经常是使用者量大面广的产品。所以,一经投入市场,如果受到使用者的欢迎,很容易被仿制。对此,设计者应该采取必要措施(如申请专利等)加以保护。

锁是人们生活中大量使用的产品。弹子锁(图5.1)是一种广泛使用的典型结构。由于在不同的应用场合中用户对锁提出了不同的要求,因此设计者创造出多种多样的锁,例如汽车门锁、火车门锁、自行车锁、保险柜锁、旅馆客房门锁、银行保管箱锁等。其中,很多锁是在图 5.1 所示典型结构的基础上,根据不同需求,做出的多种变型。仔细分析比较各种场合锁的设计,可以对设计要求、产品功能、产品结构的关系有进一步的理解。

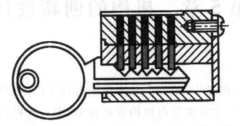

图 5.1   简单动作功能典型实例——弹子锁

5.1.2   机械零件自由度的分析

机械的基本功能是实现确定形式的相对运动,因此需要研究零件之间的相对运动关系。如图 5.2(a)所示,一个不受约束的机械零件在空间有 6 个自由度,即沿 X、Y、Z 3 个轴的移动和绕这 3 个轴的转动。这 6 个自由度可以用图 5.2(b)表示。3 根空心坐标轴表示移动方向,未涂黑表示可以沿该方向移动,一半涂黑表示沿该方向可以向一侧移动,另外一侧则不能移动。坐标轴端部的圆圈表示是否可以绕该坐标轴转动,也用是否涂黑表示。

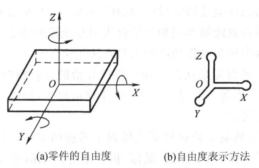

(a)零件的自由度   (b)自由度表示方法

图 5.2   机械零件的自由度

单动作功能的应用范围也比较广,且具有宽广的创造空间。简单动作功能通常通过两个零件之间接触面形状的巧妙组合实现,求解简单动作功能时针对所要实现的动作功能(运动规律、运动轨迹),对零件的几何形体进行构思。

通过对已有的简单动作功能优秀设计实例的分析,可以学到很多巧妙的设计方法。下面介绍几个利用零件自由度分析方法,分析和设计简单动作功能机构的实例。

图 5.3(a)中,两个轴承支承着轴 A,由于支撑的限制,此轴只有一个绕 X 轴旋转的自由度,沿 X 轴只能向右移动,其自由度如图 5.3(b)所示。如果再增加一个轴肩,即可限制向右移动的可能性(图 5.4)。图 5.4 所示为滑动轴承支撑的轴系结构。图 5.4(a)是一端固定一端游动的轴系结构,图 5.4(b)是两端单项固定的轴系结构。

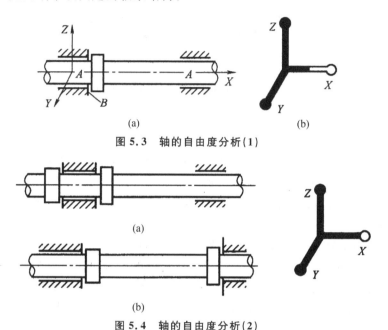

图 5.3　轴的自由度分析(1)

图 5.4　轴的自由度分析(2)

图 5.5(a)所示为导轨的运动学原理,其中,接触点 1、3、5 所构成的连接相当于第 5 种连接形式,接触点 2、4 所构成的连接相当于第 4 种连接形式。因此工作台只具有沿 Y 轴方向移动的自由度,沿 Z 轴方向向上移动的自由度可以利用辅助的固定装置或工作台的自重使工作台不会向上运动。图 5.5(b)为导轨的结构图,接触点 5 用一个平面代替,增大了承载能力,同时也提出了 1、3 和 5 两个平面必须具有良好的平面度的要求。图 5.5(c)为导轨的自由度简图,表明工作台可以沿 y 方向做双向运动,沿 Z 方向做单向运动(向上)。

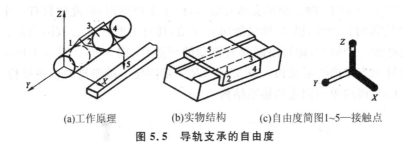

(a)工作原理　　　(b)实物结构　　　(c)自由度简图1~5—接触点

图 5.5　导轨支承的自由度

5.2　机构变异创新设计

变异设计是通过改变现有设计中的某些参数,创造新的设计方案的创新设计方法。在机构设计工作中,创立全新的机构是很重要的,但是根据工作要求,对已有的机构加以适当的改变,或称为变异,达到使用要求,也是一种重要的设计方法,而且由于对这些机构有一定的使用经验,成功几率更高一些。

机构变异的主要目的如下:改变机构运动的不确定性;开发机构的新功能;研发新机构,改善机构的受力状态,提高机构的强度、刚度或精度。

为了实现上述目的,可以采用利用运动副演化变异、改变构件的结构形状、在构件上增加辅助机构、改变构件的运动性质等演化变异方法。下面介绍几种常用的机构变异设计的方法和实例。

5.2.1　运动副的变异与创新

运动副是构件与构件之间的可动连接,它的作用有两个:一是传递运动与动力,二是变换运动形式的作用。运动副元素所具有的特点都会对机构运动传递的精度、机构动力传递的效率等产生一定程度的影响。由此可见,研究运动副演化、变异的方法或规律,不管是对于改善原始机构的工作性能,还是对开发具有新功能的机构而言,都是一项具有实际意义的工作。

5.2.1.1　扩大转动副

转动副的扩大主要指转动副的销轴和销轴孔在直径尺寸上的增大,但各构件之间的相对运动关系并没有发生改变,这种变异机构常用于泵和压缩机等机械装置中。

图 5.6 所示是一个变异后活塞泵的机构简图。由此可以发现,与原机

构相比,变异后的机构具有完全相同的组成,其变化了的地方在于构件的形状。偏心盘和圆形连杆组成的转动副使连杆紧贴固定的内壁运动,形成一个不断变化的腔体,这对于流体的吸入和压出都是非常有利的。

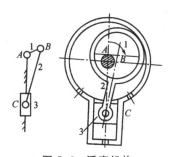

图 5.6　活塞机构

1—曲柄;2—连杆;3—滑块

5.2.1.2　扩大移动副

移动副的变异设计可分为移动滑块的扩大和滑块形状的变异设计两部分。如图 5.7 所示的冲压机构,移动副扩大,并将转动副 A,B,C 均包含在其中。当曲柄绕 A 轴回转时,通过连杆使滑块在固定导槽内作往复移动。因滑块质量较大,连杆的刚度也较大,将会产生较大的冲压力。

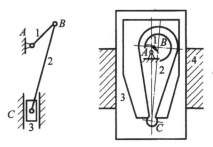

图 5.7　移动副的扩大

滑块扩大后,可把其他构件包容在块体内部,适合应用在剪床或压床之类的工作装置中。移动副的变异设计多体现在形状与结构上。移动副中,有时需要用滚动摩擦代替滑动摩擦,因此滚动导轨代替滑动导轨是常见的移动副变异设计。为避免形成移动副的两构件发生脱离现象,移动副的变异设计必须考虑虚约束的形状问题。

总之,运动副的形状变异一般都伴随着构件的形状变异。认真对待这些变异,对机构的创新设计,特别是机械结构的创新设计有很大的帮助。

5.2.2 构件形状的变异与创新

随着运动副尺寸与形状的变异,构件形状也会发生相应的变化,以实现新的功能。另外,在运动副不变化的情况下,仅构件进行变异也可以产生新机构或获得新的功能。

图 5.8 是圆盘式联轴器的演化变异过程,它是由平行连杆机构 $ABCD$ [见图 5.8(a)]增加了虚约束后[见图 5.8(b)],改变连架杆 AD 和 BC 的形状,即为两个圆盘[见图 5.8(c)],并进一步缩小机架 OC 的尺寸而形成,还可继续增加虚约束,以增加运动与动力传动的稳定性和联轴器的连接刚度。将圆盘式联轴器进一步的变异,把连杆与两个转动副 A、B 用高副替代,即构造成孔与销的结构,形成了孔销式联轴器[见图 5.8(d)]。这种联轴器结构紧凑,常用于摆线针轮减速器的输出装置中。

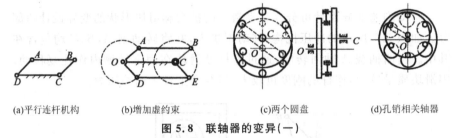

(a)平行连杆机构　　　(b)增加虚约束　　　(c)两个圆盘　　　(d)孔销相关轴器

图 5.8　联轴器的变异(一)

图 5.9(a)所示的转动导杆机构,减小偏距 e,将连架杆 1 和 3 变异为两个圆盘,滑块用滚滑副替代,就构造了一种联轴器,用来传递轴线不重合的两轴之间的运动与动力,如图 5.9(b)所示。

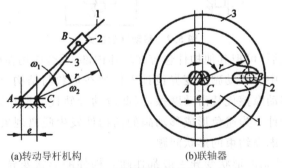

(a)转动导杆机构　　　　(b)联轴器

图 5.9　联轴器的变异(二)

1、3—连架杆;2—滑块

如图 5.10 所示,在摆动导杆机构中,若将导杆 2 的导槽某一部分做成圆弧状,并且其槽中心线的圆弧半径等于曲柄 *OA* 的长度。这样,当曲柄的端部销 *A* 转入圆弧导槽时,导杆则停歇,实现了单侧停歇的功能,并且结构简单。

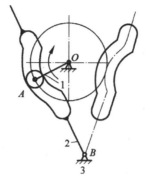

图 5.10　间歇摆动导杆机构

受导杆弧形槽的启发,可将滑块设计成带有导向槽的结构形状,直接驱动曲柄做旋转运动,构造出无死点的曲柄机构,可用于活塞式发动机,如图5.11 所示。

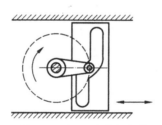

图 5.11　无死点曲柄机构

构件形状变异的内容是很丰富的,例如齿轮有圆柱形、截锥形、椭圆形、非圆形、扇形等;凸轮有盘形、圆柱形、圆锥形、曲面体等。

在进行一番变异之后,新机构便具有了一些新的功能,有可能是会改变运动传递的方向,也可能是会改变运动传递的规律。对构件形状的变异规律进行总结归纳就会发现,获得新的功能无外乎是通过以下方式:由直线形向圆形、曲线形以及空间曲线形变异。另外,为了避免机构运动的干涉,也经常需要改变构件的形状。

5.2.3 机构的扩展与创新

5.2.3.1 引入虚约束

图 5.12(a)所示的转动导杆机构可以传递非匀速转动,若将导杆的摆动中心 C 置于曲柄的活动铰链 B 的轨迹圆上,则导杆 CB 做等速转动,其角速度为曲柄 AB 角速度的一半,见图 5.12(b)。不过,需要说明的是当这种机构运动到极限位置时就会导致运动不确定情况的发生,为此常采取机构扩展的方法来消除运动不确定性。具体做法如下:加入第二个滑块,并将导杆设计成十字槽形的圆盘,见图 5.12(c),双臂曲柄两端滑块在十字槽中运动,圆盘和转臂绕各自的固定轴转动,由于是低副运动,可以实现较大载荷的传动,并且噪声低。串联两种这样的机构就可以获得1:4的无声传动。但在引入虚约束时必须注意符合虚约束尺寸条件。

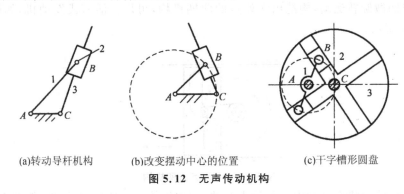

(a)转动导杆机构   (b)改变摆动中心的位置   (c)干字槽形圆盘

图 5.12   无声传动机构

5.2.3.2 变换运动副

变换运动副的形状以适应机构扩展而引入虚约束。图 5.13 所示的三种凸轮机构具有明显的增程效果,机构的压力角没有增大,机构的尺寸也没有增大,而是利用凸轮的对称结构形状,增加从动件的同时改变凸轮固定转动副的性质所获得的。其中图 5.13(a)是在凸轮轴上采用导向键连接,变转动副为圆柱副,增加了自由度,消除了因增加的从动滚子而带来的过约束;图 5.13(b)可以看成是导向键的变异结构。

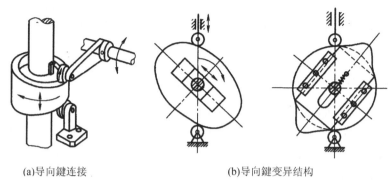

(a)导向键连接　　　　　　　　　　(b)导向键变异结构

图 5.13　增程凸轮机构

5.2.3.3　增加辅助机构

图 5.14 为可变廓线的凸轮机构,凸轮上装有 4 个具有圆弧槽的廓线片,每一片都可以根据设计需要旋转,然后通过圆弧槽内的螺钉固定,由此可以实现不同的运动规律。

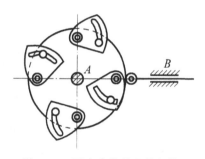

图 5.14　可变廓线的凸轮机构

同样,棘轮机构可以通过增加棘轮罩,改变输出的摆角;在连杆机构中也常常增加辅助机构来调节杆长,以实现不同的运动规律。

5.2.4　机构的等效替换与创新

机构的等效代换是指两个机构在输入运动相同时,其输出运动也完全相同。这样的两个机构可以互相代换,以满足不同的工作要求。

5.2.4.1　运动副的等效替换

运动副的等效代换是指在不改变运动副自由度的条件下,用平面运动副代替空间运动副,或是低副与高副之间的代换,而不改变运动副的运动特性。运动副的等效代换不仅能使机构实用化增强,还为创造新机构提供了理论基础。运动副的等效代替设计一般和工程设计有密切联系,是工程设计中一种有效创新方法。

1. 空间运动副与平面运动副的等效替换

常用的空间机构中主要有球面副、球销副和圆柱副。其中圆柱副主要用于从动件的连接,因此对机构创新设计而言,一般不需进行替换。但是,球面副常出现在机构主动件的连接处,特别是主动件与机架出现球面副时,给机构的运动控制带来许多不便,有时很难做到,这时可利用三个轴线相交的转动副代替一个球面副。

图 5.15(a)所示 SSRR 空间四杆机构中,若以 SS 杆为主动件,则难以控制主动件的运动。这时可用图 5.15(b)所示的三个转动副代替球面副。代替条件是运动副自由度不变,转动中心不变,运动特性不变。图 5.15(b)所示的三个电动机驱动三个转动副的转轴,各转动副的轴线相交于 O 点。各转轴的转角 φ_x、φ_y、φ_z 的合成运动即为空间转动,各转轴的角速度 ω_x、ω_y、ω_z 的合成,即为曲柄的角速度。

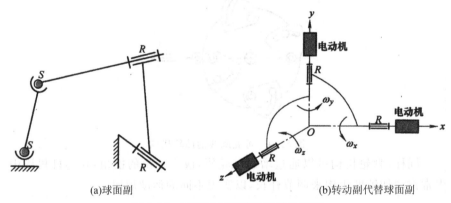

(a)球面副 (b)转动副代替球面副

图 5.15　球面副与转动副的等效替换

两自由度的球销副的代替也可按上述过程进行替换。

2. 高副与低副的等效代换

高副与低副的等效代换在工程设计中有广泛的应用,如用滚动导轨代替滑动导轨、用滚珠丝杠代替传统的螺旋副在工程中都得到广泛的应用。例如对于各种偏心盘的凸轮机构可被相应的连杆机构代换,或反之。

如图 5.16 所示,其中图(a)是尖底推杆偏心盘形凸轮机构与曲柄滑块机构的等效代换;图(b)是滚子摆杆偏心盘形凸轮机构与曲柄摇杆机构的等效代换;图(c)是平底摆杆偏心盘形凸轮机构与摆动导杆机构的等效代换。

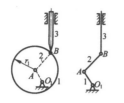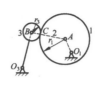

(a)尖底推杆偏心盘形凸轮机构
与曲柄滑块机构的等效代换

(b)滚子摆杆偏心盘形凸轮机构
与曲柄摇杆机构的等效代换

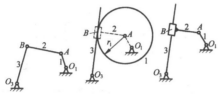

(c)平底摆杆偏心盘形凸轮机构与摆动导杆机构的等效代换

图 5.16　偏心盘凸轮机构与连杆机构的等效代换

从以上等效代换实例可以看出,当高副接触点的瞬时速度中心位于一定点时,就可以实现完全的代换,而不是瞬时的代换;也可以看出若用高副机构等效代换低副机构,必须构造代换构件的瞬心线。

3.滑动摩擦副与滚动副的等效代换

运动副是两个构件之间的可动连接,按其相对运动方式可分为转动副和移动副。但以面接触的相对运动产生滑动摩擦,较大的摩擦力将导致磨损发生。根据相对运动速度和承受载荷的大小,运动副处常选择使用滑动摩擦或滚动摩擦。对转动副而言,常使用滚动轴承作为运动副,但对于承受重载的转动副,常使用滑动轴承作为转动副。对于移动副而言,考虑到滑动构件的定位与约束的方便,经常使用滑动摩擦的导轨。但对于要求运动灵活,且承受的载荷较小的机构,使用滚动导轨更加方便。按此类推,低速、重载的螺旋副常使用滑动摩擦副,否则,使用滚珠螺旋副更加方便。

5.2.4.2　机构功能的等效代换

利用各种非刚性材料的特性进行机构运动功能的等效代换,这是一种简化机构结构的很有效途径。

图 5.17 所示的钢带滚轮机构,钢带的一端固定在滚轮上,另一端固定在移动滑块上。当滚轮逆时针转动时,中间钢带将缠绕在滚轮上而拖动滑块向右移动;当滚轮顺时针转动时,两侧钢带将缠绕在滚轮上而拖动滑块向左移

动。它等效于齿轮齿条机构,适用于要求消除传动间隙的轻载工作场合。

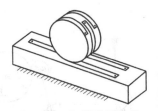

图 5.17 钢带滚轮机构

图 5.18 是利用纤维材料扭曲与放松而导致其缩短与伸长的特性,采用该材料制作成可移动连杆,用以实现从动件的摆动。

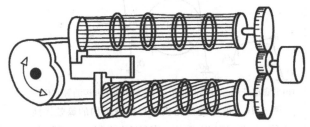

图 5.18 纤维连杆机构

图 5.19 是利用弹性元件的弹性变形实现间歇运动。图中构件的两端与输出转动轴构成转动副,构件的两臂间装有扭簧,扭簧的一端固定在构件上,并与转轴之间有配合。当构件逆时针转动时,扭簧被放松,轴不受影响而保持静止状态;当构件顺时针转动时,扭簧被拧紧而紧固在轴上使轴转动。该机构可以被看作是棘轮机构的等效机构,但结构简单,并且没有噪声。

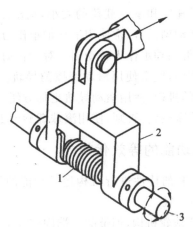

图 5.19 弹性间歇机构
1—扭簧;2—构件;3—转轴

5.3　机构组合创新设计

通常来说,齿轮机构、凸轮机构、四杆机构和间歇机构等常用机构能够满足一般性的设计要求。但事物是在不断变化发展的,如今生产水平与过去相比已经发生了很大的改变,机械化、自动化程度较之前获得了很大程度的提高,这就对运动规律和动力特性等都提出了更高的要求。

为此,人们想出了将一些基本的机构进行组合的方法,这样不但能够改善某一机构的不良特性,还能够使它们的良好性能得到更好的发挥。这样,就产生了很多富有创新性的新型机构,它们通常能够满足原理方案要求,并具有良好运动和动力特性。

下面着重介绍串联式机构组合、并联式机构组合、叠加式机构组合、封闭式机构组合机构等几种常见的组合方式。

5.3.1　串联式机构组合与创新

5.3.1.1　串联式机构组合的概念、类型及案例

串联式机构组合是由两个以上的基本机构依次串联而成的,前一机构的输出构件和输出运动为后一机构的输入构件和输入运动,从而成为得到满足工作要求的机构。如图 5.20 所示。连接点可以设在前置机构中作简单运动的连架杆上,称其为Ⅰ型串联;连接点也可以设在前置机构中作复杂运动的连杆上,称其为Ⅱ型串联。

(a)Ⅰ型串联　　　　　　　　　　　　　(b)Ⅱ型串联

图 5.20　串联式机构组合

1. Ⅰ型串联式组合

Ⅰ型串联式组合,将后一机构的主动件固接在前一级机构的一个连架杆上。图 5.21 所示是钢锭热锯机机构,其将曲柄摇杆机构 1—2—3—4 的输出件 4 与曲柄滑块(或摇杆滑块机构)$4'$—5—6—1 的输入件 4,固接在一起,从而使没有急回运动特性的输出件 6 有了急回特性。

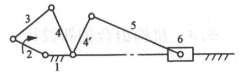

图 5.21 钢锭热锯机机构

2. Ⅱ型串联的组合

Ⅱ型串联的组合中,后一级机构串接在前置机构中作复杂运动的连杆上某一点相连的组合方式。图 5.22 所示是具有运动停歇的六杆机构,在铰链四杆机构 ABCD 中,连杆 E 点的轨迹上有一段近似直线,以 F 点为转动中心的导杆,在图示位置,其导向槽与 E 点轨迹的近似直线段重合,当 E 点沿直线部分运动时导杆停歇。

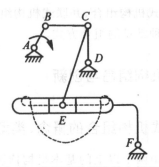

图 5.22 具有运动停歇的六杆机构

5.3.1.2 串联式机构组合的基本思路

串联组合的机构系统在工程中的应用最为广泛。串联组合的构思基本原则如下:

1. 实现后置机构的速度变换

工程中的原动机大都采用输出转速较高的电动机或内燃机,而后置机构的转速较低。为实现后置机构低速或变速的工作要求,前置机构经常采用各种齿轮机构、齿轮机构与 V 带传动机构、齿轮机构与链传动机构,其中的齿轮机构、带传动机构、链传动机构已经标准化、系列化。图 5.23 所示为组合示例简图。

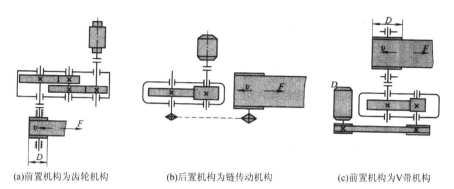

(a)前置机构为齿轮机构　　　　(b)后置机构为链传动机构　　　　(c)前置机构为V带机构

图 5.23　实现后置机构速度变换的串联组合示例一

图 5.24 所示为实现连杆机构、凸轮机构等后置机构速度变换的串联组合示意图。齿轮机构是应用最为广泛的实现速度变换的前置机构。

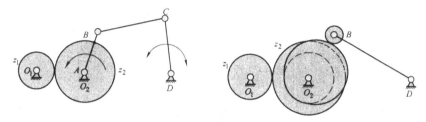

图 5.24　实现后置机构速度变换的串联组合示例二

2.实现后置机构的运动变换

基本机构的类型对其自身的运动规律有着一定的限制,如曲柄滑块机构的滑块或曲柄摇杆机构的摇杆很难获得等速运动,当串联一个前置连杆机构,并通过适当的尺度综合,可使后置连杆机构获得预期的运动规律。图 5.25 所示机构为改变后置机构运动规律的串联组合示意图。

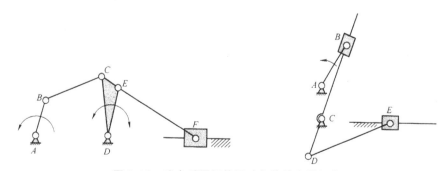

图 5.25　改变后置机构运动规律的串联组合

3.在满足运动要求的前提下,运动链尽量短

这是由于串联组合系统的总机械效率等于各机构的机械效率的连乘积,而当运动链过长时不但会降低系统的机械效率,而且还也会导致传动误差的增大。

5.3.2 并联式机构组合与创新

5.3.2.1 并联式机构组合的概念、类型及案例

机构并联式组合是将两个或多个基本机构并列布置,如图 5.26 所示。每个基本机构具有各自的输入构件,而共有一个输出构件,称Ⅰ型并联;各个基本机构有共用的输入和输出构件,称Ⅱ型并联;各个机构有共同的输入构件,但却有各自的输出构件,称Ⅲ型并联。并联式机构组合的特点是,各分支机构间没有任何严格的运动协调配合关系的并联组合。

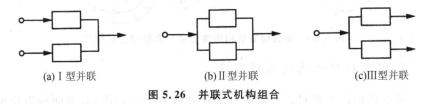

(a)Ⅰ型并联　　　　　　(b)Ⅱ型并联　　　　　　(c)Ⅲ型并联

图 5.26　并联式机构组合

1.Ⅰ型并联式组合

Ⅰ型并联是指当一个原动机功率不足时,可以采用多套传动系统。

图 5.27 是可以实现从动件做复杂平面运动的两个自由度机构,用于缝纫机中的针杆传动,它由凸轮机构和曲柄滑块机构并联组合而成,原动件分别为曲柄 1 和凸轮 4,从动件是针杆 3,可以实现上下往复移动和摆动的复杂平面运动,若想改变摆角,可以通过调整偏心凸轮的偏心距离来实现。

图 5.28 是钉扣机的针杆传动机构,由曲柄滑块机构和摆动导杆机构并联组合而成,原动件分别为曲柄 1 和曲柄 6,从动件是针杆 3,可以实现平面复杂运动用以完成钉扣动作。

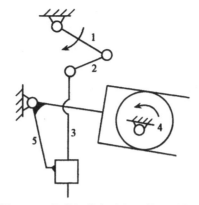

图 5.27 凸轮机构与连杆机构 Ⅰ 型并联

1、2、3—连杆机构;4、5—凸轮机构

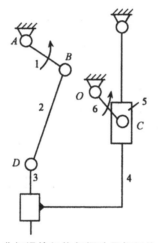

图 5.28 曲柄滑块机构与摆动导杆机构 Ⅰ 型并联

1、2、3—曲柄滑块机构;4、5—导杆机构

这两个例子是具有两个自由度的机构,必须有两个输入构件运动才能确定。设计时,两个主动构件的运动一定要协调配合,要按照输出构件的复合运动要求绘制运动循环图,按照运动循环图确定两个主动构件的初始位置。

2. Ⅱ 型并联式组合

Ⅱ 型并联是指将主动件或原动机的运动分为两个(或更多)运动,再将这两个运动合成为一个运动。这种形式可以改善输出构件的运动状态和受力情况,使机构受力自动平衡。设计的主要问题是几个并联机构要协调配合。

图 5.29 所示的压力机由左右两套机构组合而成。主动件为压力缸 1,通过连杆 2 和 2′同时推动两套完全相同的摇杆滑块机构 3、4、5 和 3′、4′、5。当 3、4(3′、4′)杆接近死点位置时(3、4 接近成一直线时),执行构件 5 以最大压力对工件进行加工。此机构的优点是可以由较小的气缸推力产生很大的工作压力,同时使横向力自动平衡。应该注意的是,两套机构必须严格同步运动。

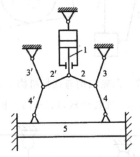

图 5.29　分散并联组合机构

1—压力缸;2、2′—连杆;3、4、5、3′、4′、5—摇杆滑块机构

图 5.30 所示的螺旋杠杆机构压力机,采用了左右螺旋机构,两个螺旋螺距相同而旋向相反,在转动螺旋时,压头可以向上或向下运动。这一机构螺母对螺旋的轴向力可以互相平衡,但是压头下压产生的压力会对螺旋产生弯曲应力,另外速度较慢。

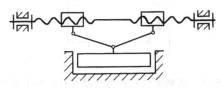

图 5.30　压力机的螺旋杠杆机构

3.Ⅲ型并联式组合

Ⅲ型并联式组合机构是指将一个主运动分为两个或更多个输出的运动。

图 5.31 所示为丝织机的开口机构,两个摇杆滑块机构并联组合,共同连接于曲柄摇杆机构。当主动构件曲柄 1 转动时,通过摇杆 3 将运动传给两个摇杆滑块机构,使两个从动件滑块 5 和 7 实现上下往复移动,完成丝织机织平纹丝织物的开口动作。

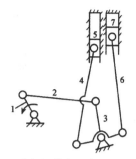

图 5.31　连杆机构与连杆机构Ⅲ型并联

1、2、3—曲柄摇杆机构;4、5、6、7—滑块机构

图 5.32 所示为冲压机凸轮连杆组合机构,由一个凸轮机构和一个凸轮连杆机构串联组合机构并联组合而成。两个盘状凸轮固接在一起,凸轮 1 和推杆 2 组成移动从动件盘状凸轮机构;凸轮 1′和摆杆 3 组成摆动从动件盘状凸轮机构。当机构的主动件凸轮 1 和 1′转动时,推杆 2 实现左右移动;同时摆杆 3 实现摆动,并由摆杆的摆动而带动连杆 4 运动,使从动件滑块 5 实现上下移动。设计凸轮时应注意推杆 2 与滑块 5 的时序关系。该机构的特点是并联的两个子机构中,有一个子机构是由凸轮与连杆机构串联组合而成,所以设计较为复杂,必要时应绘制机构运动循环图。

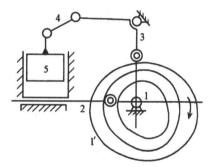

图 5.32　凸轮机构与连杆机构Ⅲ型并联

1、1′、2、3—凸轮机构;3、4、5—滑块机构

5.3.2.2　并联式机构组合的基本思路

串联机构组合的目的主要是改变后置机构的运动速度或运动规律,并联机构的组合目的主要是用于实现运动的分解或运动的合成,有时也可以改变机构的动力性能。并联组合的基本原则如图 5.33 所示。

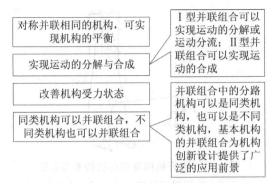

图 5.33　并联组合的基本原则

　　通过对称并联同类机构,可以实现机构惯性力的部分平衡与完全平衡。利用Ⅰ型并联组合可实现此类目的。下面列举一个改善机构受力状态的例子。图 5.34 所示机构中,两个曲柄驱动两套相同的串联机构,再通过滑块输出动力,使滑块受力均衡。Ⅲ型并联组合机构可使机构的受力状况大大改善。因而在冲床、压床机构中得到广泛的应用。

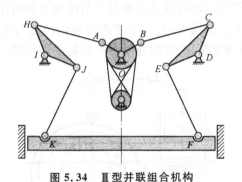

图 5.34　Ⅲ型并联组合机构

5.3.3　叠加式机构组合与创新

5.3.3.1　叠加式机构组合的概念、类型及案例

　　机构叠加式组合是指在一个机构的可动构件上再安装一个以上机构的组合方式。把支撑其他机构的机构称为基础机构,安装在基础机构可动构件上面的机构称为附加机构。其输出的运动是若干个机构输出运动的合成。

　　这种组合的运动关系有两种情况:一种是各机构之间运动有一定的影响,称为运动相关式(Ⅰ型叠加);另一种是各机构的运动关系是相互独立的,称为运动独立式(Ⅱ型叠加),常见于各种机械手。图 5.35 是这种组合形式的运动传递框图,图中仅表示最基本的机构叠加形式,在此基础上还可以继续叠加一系列机构。

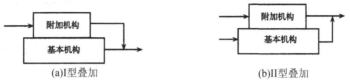

(a)Ⅰ型叠加　　　　　　　(b)Ⅱ型叠加

图 5.35　叠加机构组合

叠加式机构组合的主要功能是实现特定的输出,完成复杂的工艺动作。设计的主要问题有两个:

第一,如何根据所要求的运动和动作来选择各个子机构的类型。解决这个问题的一般原则是,将各个子机构设计成单自由度机构,使其运动的输入输出形式简单,以达到容易控制的目的。

第二,如何解决输入运动的控制。

1. 运动相关式的叠加组合

若由两个子机构所组成,则设定一个子机构为基础机构,另一个子机构为附加机构。进行组合时,附加机构叠加在基础机构的一个活动构件上,同时附加机构的从动件又与基础机构的另一个活动构件固接,致使输入一个独立运动,却获得输出两个运动合成的复合运动。

图 5.36 所示是一种电动玩具马的传动机构,其由曲柄摇块机构安装在两杆机构的转动构件上组合而成。当机构工作时分别由转动构件和曲柄输入转动,从而使马的运动轨迹是旋转运动和平面运动的叠加,产生了一种飞奔向前的动态效果。

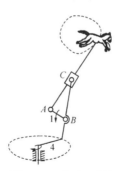

图 5.36　电动玩具马

1—曲柄;4—转动构件

2.运动独立式叠加组合

最后一个子机构往往要求有搬动、夹持、抓取等比较复杂的动作,在机构类型上也有较多的选择,如可以选择连杆机构、齿轮机构、液压机构及挠性件机构等。

图 5.37 所示为工业机械手。工业机械手的手指为一开式运动链机构,安装在水平移动的气缸上,而气缸叠加在链传动机构的回转链轮上,链传动机构又叠加在 X 形连杆机构的连杆上,使机械手的终端实现上下移动、回转运动、水平移动以及机械手本身的手腕转动和手指抓取的多自由度、多方位的动作效果,从而能够不管在各种场合下工作都能很好地完成作业要求。

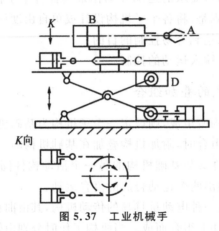

图 5.37 工业机械手

A—手指;B—气缸;C—回转链轮;D—X 形连杆机构

5.3.3.2 机构叠加组合的关键问题

机构叠加组合的概念明确,思路清晰。如果要在设计上实现创新,最重要的是要解决这一关键问题,即确定附加机构与基础机构之间的运动传递,或者附加机构的输出构件与基础机构的哪一个构件连接。

Ⅰ型叠加机构之间的连接方式虽然比较复杂,但也是有一定的规律可循。如齿轮机构为附加机构,连杆机构为基础机构时,连接点选在附加机构的输出齿轮和基础机构的输入连杆上;如基础机构是行星齿轮系机构,可把附加齿轮机构安置在基础轮系机构的系杆上,附加机构的齿轮或系杆与基础机构的齿轮连接即可。

Ⅱ型叠加机构之间的连接方式则相对来说较为简单,同样也具有较强的规律性。Ⅱ型叠加机构中,动力源安装在基础机构的可动构件上,驱动附加机构的一个可动构件,按附加机构数量依次连接即可。通常来说,应用Ⅱ型叠加机构的场合较多。

机构进行叠加组合形成的新机构具有很多优点,例如,利用它可以实现复杂的运动要求,机构的传力功能较好,可减小传动功率。但是也有一些不足之处,例如,其需要在设计构思上耗费一定的精力,难度较大。掌握上述叠加组合方法,有利于为日后创建叠加机构提供一定的理论基础。

下面列举一例来说明机构的叠加组合。

图 5.38 所示是利用机构的叠加组合原理设计的新机构。设计要求是天线可做全方位的空间转动。

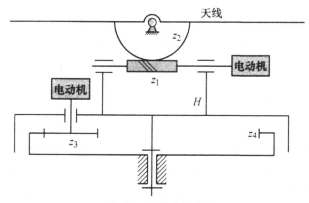

图 5.38　天线旋转机构

设计构思:天线绕水平轴旋转,又绕垂直轴旋转,二者运动的合成可实现空间全方位转动任务。采用单自由度的平面机构难以实现空间任意位置要求,采用绕水平轴旋转的机构和绕垂直轴旋转运动的两个单自由度平面机构的叠加组合可实现设计要求。而采用齿轮机构则更为简单,且体积小。

绕水平轴(y 轴)的转动用图示的蜗杆传动机构完成,可作为附加机构。驱动电动机安装在蜗杆轴上。绕垂直轴(z 轴)的转动可用行星轮系完成,使其为基础机构。其中行星轮为主动件。固接在系杆上的步进电动机直接驱动行星轮,迫使系杆转动。附加机构安置在基础机构的系杆上,系杆成为附加机构的机架。同时控制系杆上的两个步进电动机,可实现天线的任意方向和位置。

5.3.4　封闭式机构组合与创新

5.3.4.1　封闭式机构组合的概念、类型及案例

一个二自由度机构中的两个输入构件或两个输出构件或一个输入构件和一个输出构件用单自由度的机构连接起来,形成一个单自由度的机构系

统,称为封闭式连接。

按照封闭组合机构输入与输出特性的不同,可以将封闭组合方法分为三种,如图 5.39 所示。

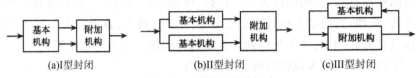

(a)I型封闭   (b)II型封闭   (c)III型封闭

图 5.39　封闭式机构组合

Ⅰ型封闭机构:即一个单自由度的附加机构封闭基础机构的两个输入或输出运动,如图 5.39(a)所示(运动流程也可反向)。

Ⅱ型封闭机构:两个单自由度的附加机构封闭基础机构的两个输入或输出运动,如图 5.39(b)所示(运动流程也可反向)。

Ⅲ型封闭组合机构:一个单自由度的附加机构封闭基础机构的一个输入运动和输出运动,如图 5.39(c)所示。

封闭式机构组合中基本机构一般为二自由度机构,如差动轮系、五杆机构或空间机构,附加机构为各种单自由度机构。封闭式机构组合中各机构融合成一种新机构,构成组合机构。它的优点在于能够实现任意运动规律的输出,如一定规律的停歇、逆转、加速、减速、前进、倒退等。但不足的地方在于,设计起来比较复杂,需要根据具体的机构进行分析和综合,而没有一个可以遵循的共同规律。

1. Ⅰ型封闭式机构组合

这种组合方式属于构件并接式组合,基本机构与同一个附加机构连接。

图 5.40 为凸轮—行星机构,该机构可以看成是具有两个自由度的差动轮系和摆动从动杆固定凸轮机构组合而成。机构中 1 为固定凸轮,从动杆 2 和行星轮 3 联在一起,其摆动中心和行星齿轮 3 的回转中心重合。差动轮系由中心轮 5、系杆 4 和行星轮 3 构成。该组合机构中基础机构为差动轮系,附加机构为凸轮机构,摆杆与行星轮并接在一起,构件 4 既为差动轮系中的系杆又是凸轮机构中的活动机架。当系杆 4 为主动件以等角速度转动时,中心轮 5 则因凸轮的轮廓曲线变化可获得极其多样化的运动规律。

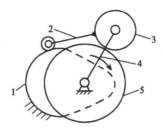

图 5.40　凸轮机构与行星齿轮机构Ⅰ型复合

1、2—凸轮机构；3、4、5—行星齿轮传动

图 5.41 是凸轮—连杆组合机构。五杆机构 $ABCD$ 具有两个自由度，为基础机构。附加机构为固定凸轮机构。凸轮机构中的摆杆和连杆机构中的连杆 BC 并接，主动件 AB 既是连杆机构中的曲柄，又是凸轮机构中的活动机架。这种组合机构的设计，关键在于按输出的运动要求设计凸轮的轮廓。输出构件滑块 D 的行程比单一凸轮机构推杆行程增大几倍，而凸轮机构压力角仍可控制在许用值范围内。

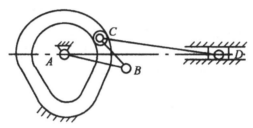

图 5.41　凸轮机构与连杆机构Ⅰ型复合

2.Ⅱ型封闭式机构组合

这种组合方式属于构件并接式组合，基本机构与两个附加机构连接。并接封闭式的组合方式是，基础机构与附加机构各自取出一个做平面运动的构件并接，再各自取出一个连架杆并接，运动由基础机构中参加并接的连架输入，再由基础机构中另一个连架输出。

图 5.42 是一种齿轮与连杆的Ⅱ型复合机构，差动轮系为基本机构，分别与铰链四杆机构和齿轮机构并接，齿轮 z_4 和四杆机构的连架杆 AB 为同一构件，差动轮系的系杆与四杆机构的另一连架杆 CD 为同一构件，机构总自由度为 1，齿轮 z_1 输入匀速运动，调节铰链四杆机构的杆长，可以使输出件齿轮 z_3 获得丰富运动。

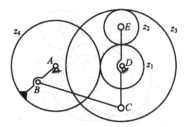

图 5.42　齿轮机构与连杆机构Ⅱ型复合

3.Ⅲ型封闭式机构组合

这种组合方式属于构件回接式组合,附加机构把运动回接到基本机构。回接封闭式的组合方式是,基础机构与附加机构中两个连架杆并接,附加机构中另一个连架杆负责把运动回接到基础机构中做复杂运动的构件中去。

图 5.43 是一种齿轮加工机床的误差补偿机构,由具有两个自由度的蜗杆机构(蜗杆与机架组成的运动副是圆柱副)作为基础机构,主动构件为蜗杆 1。凸轮机构为附加机构,而且附加机构的一个构件又回接到主动构件蜗杆 1 上。从动构件是蜗轮 2。输入的运动是蜗杆 1 的转动,从而使蜗轮 2 并接的凸轮实现转动;凸轮的转动又使蜗杆 1 实现往复移动,从而使蜗轮 2 的转速根据蜗杆 1 的移动方向而增加或减小。

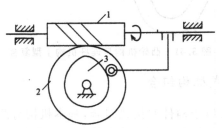

图 5.43　蜗杆机构与凸轮机构Ⅲ型复合
1—蜗杆;2—蜗轮;3—凸轮

5.3.4.2　封闭式机构组合的基本思路

封闭组合的前提是二自由度的基础机构和单自由度机构的组合,组合而成的新机构是组合机构,基本组合思路如图 5.44 所示。

①常见的基础机构主要有五杆机构和差动轮系机构，附加封闭机构可以是齿轮机构、凸轮机构和四杆机构，有时也用间歇运动机构作为封闭机构	④机构的封闭式组合结果将导致形成组合机构，其设计和分析方法与基础机构和附加机构类型有密切关系。任意两个自由度的机构均可作为基础机构，而单自由度的机构则可作为附加机构。如基础机构为连杆机构，附加机构可为连杆机构、齿轮机构、凸轮机构和间歇运动机构等。这时可组成连杆—连杆组合机构、连杆—齿轮组合机构、连杆—凸轮组合机构等
②附加机构封闭基础机构的两个输入运动或两个输出运动简便易行，在工程中的应用最为广泛	封闭式机构组合的基本思路
③附加机构封闭基础机构的一个输入件和一个输出件，输出运动反馈回输入件。附加机构封闭基础机构的输入与输出构件时，基础机构的输出运动端与附加机构之间必须增加一个含有两个低副的构件或者一个高副	

图 5.44　封闭式机构组合的基本思路

5.4　机构再生创新设计

　　为实现一定的功能要求而设计一个新机构是很困难的，但是在基于现有机构的基础上，开发一个更符合具体性能要求的机构还是有许多方法可遵循的。机构再生设计是按此思路，获得新机构的一种有效方法。机构再生设计也称为运动链再生设计，其设计的基本思路可用图 5.45 进行描述。

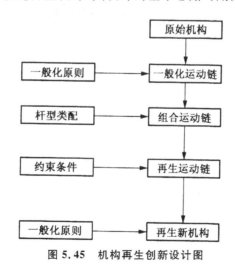

图 5.45　机构再生创新设计图

5.4.1 一般化运动链

运动链是指若干构件由运动副连接而构成的运动系统。若将运动链系统中的各类运动副按照运动副等效原则转化为转动副,各种构件都转化为一般化杆,就形成了一般化运动链。对一般化运动链进行各种结构类型的变换,既简单又方便。

5.4.1.1 一般化原则

将原始机构的运动简图抽象化为一般化运动链要遵循一定的原则,这些原则如图 5.46 所示。

一般化原则
①将非刚性构件转化为"刚性"构件
②将非杆形构件转化为一般化杆,即二副杆、三副杆、多副杆等
③将非转动副转化为转动副
④将复合铰转化为简单铰
⑤解除固定杆的约束,机构转化成为运动链
⑥运动链在转化过程中自由度保持不变

图 5.46　一般化原则

常见的一般化图例见表 5-1。

表 5-1　常见的一般化图例

名称	原始形式	一般化	说明
弹簧			两构件之间的弹簧连接,用Ⅱ级杆组代替
滚动副			两构件之间纯滚动接触,形成滚动副,用转动副代替
移动副	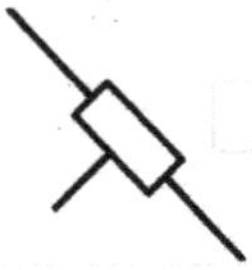		两构件组成移动副,用转动副代替
平面高副	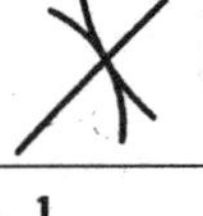	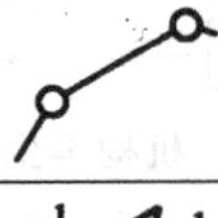	两构件组成平面高副,用一个杆与两个转动副代替
复合铰	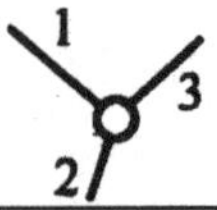	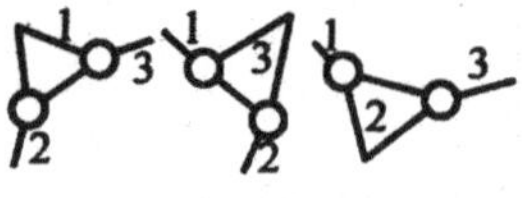	复合铰转化为简单铰

5.4.1.2　常见机构的一般化

1.含有平面高副的机构

图 5.47(a)所示为一凸轮连杆机构。进行一般化处理时,先将机构中的凸轮高副按照一般化原则进行代替,即用杆 5 与两个转动副 D 和 C 代替原始的凸轮高副。再将 3 与 4 组成的移动副直接用转动副代替,就生成了图 5.47(b)所示的机构运动简图。然后解除固定杆的约束,并将杆的形状进行一般化处理,就生成了图 5.47(c)的一般化运动链。

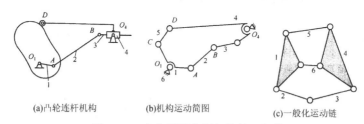

(a)凸轮连杆机构　　　(b)机构运动简图　　　(c)一般化运动链

图 5.47　含有平面高副机构的一般化

2.含有复合铰的机构

图 5.48(a)所示为一颚式破碎机的六杆摆动机构。其中 D 为复合铰,对复合铰进行。一般化处理可能有 3 种情况:第一种是构件 3 为三副杆,第二种是构件 4 为三副杆,第三种是构件 5 为三副杆,它们对应的一般化运动链分别如图 5.48(b)～(d)所示。

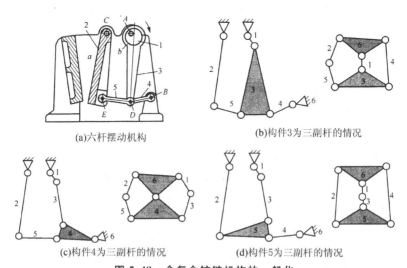

(a)六杆摆动机构　　　　　　　(b)构件3为三副杆的情况

(c)构件4为三副杆的情况　　　　　(d)构件5为三副杆的情况

图 5.48　含复合铰链机构的一般化

5.4.2　运动链杆型类配

将机构转化为一般化运动链后,可以得到一个或几个运动链,每一个运动链中包含不同数量的运动副和杆,这些运动链的总和称为连杆类配。运动链中的连杆类配可以表示为

$$LA(L_2/L_3/L_4/L_5/\cdots/L_n)$$

式中,L_2,L_3,$\cdots$,L_n分别表示具有 2 个运动副、3 个运动副、$\cdots$、n 个运动副的连杆数量。

连杆类配可分为两种,如图 5.49 所示。

自身连杆类配	⟹	指原始机构的一般化运动链(简称原始运动链)的连杆类配
相关连杆类配	⟹	指按运动链自由度不变的原则,由原始运动链推出与其有相同连杆数和运动副数的连杆类配

图 5.49　连杆类配的类型

据此原理,可以给出相关连杆类配应满足的两个方程式:

$$L_2+L_3+L_4+L_5+\cdots+L_n=N(连杆数量不变)$$
$$2L_2+3L_3+4L_4+5L_5+\cdots+nL_n=2J(运动副数量不变)$$

式中,N 为连杆中连杆总数;J 为运动链中的运动副总数。

下面以六杆机构为例进行运动链连杆类配。

设:自由度 $F=1$,杆件数 $N=6$,运动副数 $J=7$,假设没有复合铰链,则

$$3(N-1)-2J=F=1$$

设具有 n 个运动副的杆件数量为 L_n。则

$$L_2+L_3+L_4+L_5+\cdots+L_n+=N=6$$
$$2L_2+3L_3+4L_4+5L_5+\cdots+nL_n+\cdots=2J=14$$

分析表明,如果取其中一个杆件的运动副数量$\geqslant5$,即使其余杆件的运动副数量均为最小($=2$),也会使总运动副数量大于 14,与假设出现矛盾,所以只可能有一两种可能的解答:

$$L_4=1,\ L_2=5$$
$$L_3=2,\ L_2=4$$

以上两种类配方案可以表示为 $LA=(5/0/1)$ 和 $LA=(4/2)$。由 $LA=$

(5/0/1)组成的运动链如下图所示,其左面 3 个杆没有相对运动,而形成一个桁架结构。因此,这一运动链实际上退化为一个自由度的机构,不再是六杆机构,应该予以剔除。所以六杆机构的解答只有一种方案,即 $LA = (4/2)$。

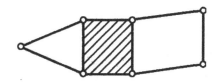

5.4.3　运动链组合与优化

在杆型类配方案确定之后,怎样把各种杆型连接起来组合成各种结构类型的运动链,就是运动链的组合问题。若以运动链的形式进行组合将会很不方便,例如,一个二副杆具有两个外接副,其中一个副可以连接一个二副杆,另一个副可以连接多副杆;也可以两个外接副都连接二副杆,或两个外接副都连接多副杆。若如此组合将极不方便,也不可靠。为使运动链组合方便、可靠,还需要对其进行优化。

这一阶段包括以下工作:

(1)获得可能的运动链。根据机构综合理论,得到与一般化运动链杆件数量相同、运动副数量相同的全部可能的运动链。

(2)特定化运动链。通过施加约束,筛除所有不符合要求的运动链。

(3)优化运动链。通过对所有符合设计要求的运动链进行评价、比较,得到最适宜的机构。

图 5.50 是两种结构的六杆七副运动链,其中图(a)是瓦特型运动链;图(b)是司蒂芬森型运动链。

(a)瓦特型运动链　　　(b)司蒂芬森型运动链

图 5.50　六杆七副运动链

图 5.51 是 16 种结构的八杆十副运动链。

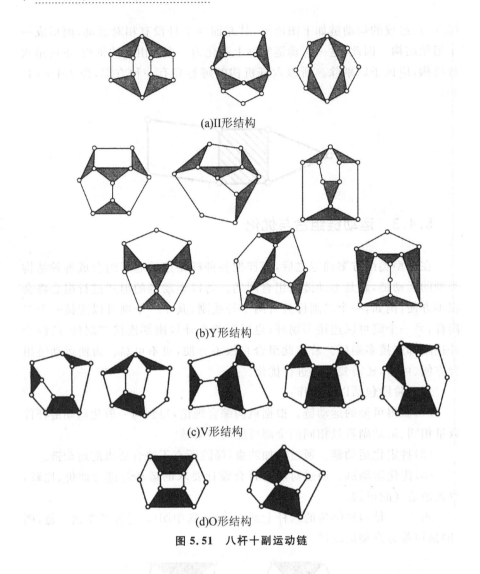

(a)II形结构

(b)Y形结构

(c)V形结构

(d)O形结构

图 5.51　八杆十副运动链

5.4.4　机构再生创新设计实例分析

下面以摩托车尾部悬挂装置的创新设计为例,进一步说明机构类型再生设计的步骤和方法。图 5.52 是五十铃摩托车悬挂装置的结构图和机构简图。

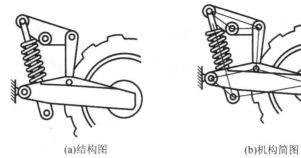

(a)结构图　　　　　　　　(b)机构简图

图 5.52　五十铃摩托车悬挂装置的结构图和机构简图

结构图如图 5.53(a)所示。用二级杆组替换图中的减震器，并去除机件，得到只包含刚性连杆和转动副的一般化运动链，如图 5.53(b)所示。

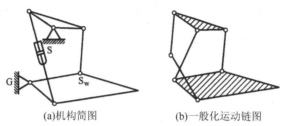

(a)机构简图　　　　　　(b)一般化运动链图

图 5.53　产生摩托车悬挂装置一般化运动链图

由图 5.52(b)可知，此运动链为六杆运动链。它可以组合出多种机构，设计这些机构的约束条件见图 5.54。

⇒ 必须有一个减震器S
⇒ 必须有一个机架G
⇒ 必须有一个用于安装车轮的摆动杆S_w
⇒ 减震器S、机架G和摆动杆S_w必须是不同的构件
⇒ 摆动杆S_w必须与机架G相邻

图 5.54　约束条件

通过以上的约束，可以组成 6 种方案，如图 5.55 所示。

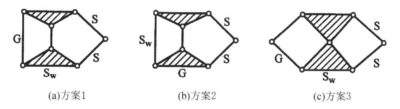

(a)方案1　　　　　　　(b)方案2　　　　　　　(c)方案3

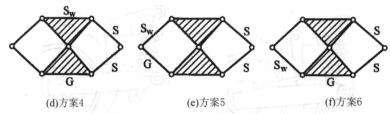

(d)方案4　　　　　　　(e)方案5　　　　　　　(f)方案6

图 5.55　摩托车悬挂装置设计方案

　　根据以上机构设计方案,可以得到图 5.56 所示的机构简图。这些机构设计方案在不同的摩托车悬挂装置设计中被采用。

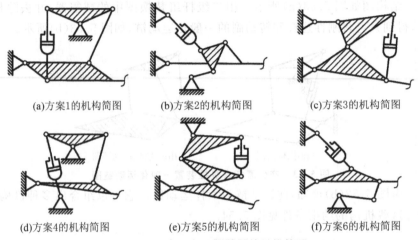

(a)方案1的机构简图　　　(b)方案2的机构简图　　　(c)方案3的机构简图

(d)方案4的机构简图　　　(e)方案5的机构简图　　　(f)方案6的机构简图

图 5.56　摩托车悬挂装置的机构简图

5.5　广义机构的创新设计

　　随着声、光、电、磁等各学科技术的快速发展及交叉应用,人们提出了广义机构的概念,广义机构包括液压机构、气动机构、光电机构、电磁机构等。在掌握广义机构的特点的基础上,对其合理应用能够简化机械机构,使机械系统更加可靠,因此广义机构的应用已经成为机构创新设计非常有效的方法。下面分析一些广义机构的应用实例。

5.5.1　弹簧蠕行管道机器人

　　由 N 个弹簧和 $N+1$ 个电磁定位器首尾连接而成,如图 5.57 所示。对于压缩弹簧,首先通过外部控制器使第 1 个电磁定位器 C 线圈通电,使其吸附到管道内表面,同时使第 1 个和第 $N+1$ 个电磁定位器相应的线圈通电,使第 2 个至第 $N+1$ 个电磁定位器受第一个吸力压缩弹簧向前运动,弹簧储存势能。平衡时 $N+1$ 个通电,吸住管道,其他断电,这时弹簧势能释放,推动前进。此机构将电磁特性与弹簧的储能特性相结合,实现前进动作。

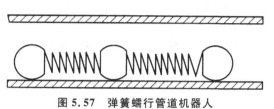

图 5.57　弹簧蠕行管道机器人

5.5.2　气动商标自动粘贴机构

图 5.58 所示为气动商标自动粘贴机构,气泵 1 具有吸气和吹气的两种功能,吸气口朝向放置商标的盒 2 的下方,吹气口朝向需要贴商标的方形盒 3。顺时针转动气泵 1,吸气口吸取一张商标纸,转动到黏胶辊子 4 时,滚上胶水,转动到方形盒 3 上时,吹气口打开将商标纸压向 3。该机构利用吹吸气泵实现了复杂的工艺要求,简化了机构。

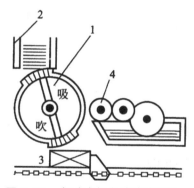

图 5.58　气动商标自动粘贴机构

5.5.3　厚度电测仪的杠杆机构

图 5.59 所示为厚度电测仪的杠杆机构,杠杆 2、3 绕公共固定轴线 A 自由转动,杆 3 上有触头 b。需要测量厚度的材料从装在杠杆 2、3 上的两滚子 a 中间拉过,当厚度大于或小于规定值时,触点 b 中的一个接通,发出不同信号。该机构利用杠杆 2、3 的形状及触点信号,简单巧妙地解决了

问题。

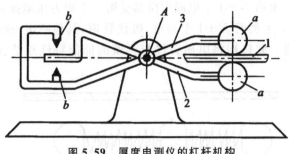

图 5.59　厚度电测仪的杠杆机构

1—材料;2、3—杠杆

5.5.4　滚动杠杆的杠杆棘轮机构

利用电磁铁吸引杆,杆在机架 a 上滚动,带动棘爪 b 使棘条移动一个齿。当断开电磁铁时,弹簧使棘条返回初始位置,如图 5.60 所示。

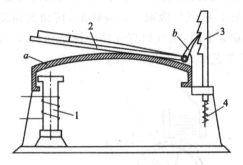

图 5.60　滚动杠杆的杠杆棘轮机构

1—电磁铁;2—杆;3—棘条;4—弹簧

5.5.5　声音轮机构

如图 5.61 所示的音叉 1 振动时,它轮流接通电磁铁 2 和 3。当 2 激励时,它的两极把轮 4 的突出部 a、b 吸引过来,使轮 4 转动一个角度;此时 3 接通,则它的两极吸引突出部 c、d,轮 4 继续转动。该机构利用声音振动与电磁结合输出转动。

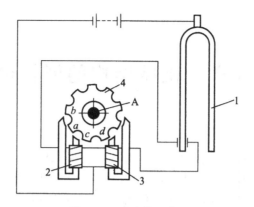

图 5.61 声音轮机构

1—音叉；2、3—电磁铁；4—轮

第6章 机械结构的创新设计

结构设计是将机构和构件具体化为某个零件或某个部件的形状、尺寸、连接方式、顺序、数量等具体结构方案的过程,将原理方案设计具体化,以满足产品的功能要求。在这些具体化的过程中要考虑材料的力学性能、零部件的功能、工作条件、加工工艺、装配、使用、成本、安全、环保等各种因素的影响。结构设计具有多解性特征,满足某一设计要求的机械结构不是唯一的,关键是要在众多可用结构方案中找到最好的或比较好的。结构设计不是简单重复的操作性工作,而是创造性工作。工程知识是从事结构设计工作的前提,巧妙构型与组合是结构创造性设计的核心。

6.1 零部件结构方案的创新设计

零件在机械中各自承担一定的功能,在结构设计时需要根据每种零件的功能构造它们的形状,确定它们的位置、数量、连接方式等结构要素。在结构设计过程中,设计者应该首先掌握各种零件实现其功能的工作原理,提高其工作性能的方法与措施,还要具备善于联想、类比、组合、分解及移植等创新技法,这样才能更好地实现零件应具备的功能要求。可以看出,实现零件功能结构设计的创新具有很重要的作用与影响。

6.1.1 功能分解

每个零件的每个部位各自承担着不同的功能,具有不同的工作原理。若将零件功能分解、细化,则有利于提高其工作性能,便于开发新功能,使零件整体功能更趋于完善。

6.1.1.1 螺钉

例如,螺钉是一种最常用的连接零件,其主要功能是连接。连接可靠,防止松动,提高连接寿命,抵抗破坏能力是设计的主要目标。若将各部分功能进行分解,则更容易实现整体功能目标。螺钉功能可分解为螺钉头、螺钉体、螺钉尾三个部分。螺钉头又可分为扳拧功能与支承功能;螺钉体又可分为定位功能与连接功能;螺钉尾则为导向与保护功能。

螺钉头的扳拧功能应与扳拧工具、操作环境相结合进行结构设计与创新。目前已有的螺顶头的结构有外六角、内六角、内六角花形、方形、一字槽、十字槽、碟形、滚花、沉头、圆头、平头等,如图 6.1 所示的部分结构。为提高装配效率,简化扳拧工具,还推出了一种内六角花形、外六角与十字槽组合式的螺钉头,使其功能得到扩展,见图 6.2。

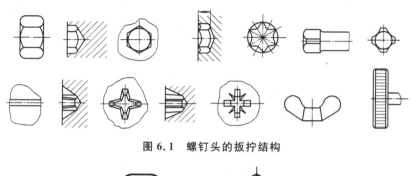

图 6.1　螺钉头的扳拧结构

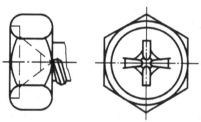

图 6.2　组合式螺钉头

螺钉头的支承功能是由与被连接件接触部分的螺钉头部端面实现的,这个端面称作结合面。对于不同材料的被连接件和不同强度要求的连接,结合面的形状、尺寸也不同。图 6.3(a)是一种法兰面螺钉头结构,它不仅实现了支承功能,还可以提高连接强度,防止松动。若进一步扩大结合面的功能,将结合面制成齿纹,则防松功能将会增倍,被称作为三合一螺钉,见图 6.3(b)。

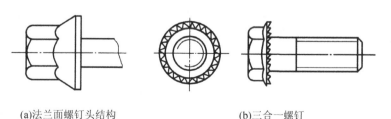

(a)法兰面螺钉头结构　　　　　　　　　　(b)三合一螺钉

图 6.3　法兰面螺钉头

螺钉体的定位功能是由非螺牙部分的光轴实现的。如铰制孔用螺纹的光轴部分,不仅有形状、尺寸要求,还有公差要求。螺牙部分的功能是连接,是螺钉的核心结构,其工作原理是靠摩擦力实现连接的。连接可靠,就希望摩擦力增大,当量摩擦系数最大的剖面形状是三角形,因此连接螺纹采用的是三角螺纹。考虑到连接强度与自锁功能,螺纹的导程角要大小合适,可分为粗牙螺纹与细牙螺纹,粗牙螺纹一般用于连接,细牙则用于有密封要求的螺塞或管道的连接等。无螺纹部分也有制成细杆的,被称为柔性螺杆,常用于受冲击载荷。在冲击载荷作用下连接用的螺栓将会降低疲劳寿命,如发动机中连杆的连接螺栓。为提高其疲劳寿命,可采用降低螺杆刚度的方法进行构型,例如,采用大柔度螺杆或空心螺杆,如图 6.4 所示。

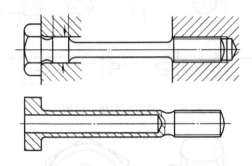

图 6.4　大柔度螺杆

螺钉尾的功能主要是导向,为方便安装一般应具有倒角。进一步扩大螺钉尾部功能,可设计成自钻自攻的尾部结构,如图 6.5 所示。常用于建筑业、汽车制造业的多层板或大型面板的连接,简化了加工、装配过程,具有良好的经济效益。

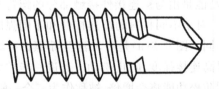

图 6.5　自钻自攻螺钉尾部结构

另外,为保护螺纹尾端不受碰伤与紧定可靠,其螺钉尾部形状有平端、锥端、短圆柱端、球面端等多种结构形状。

6.1.1.2　普通钉子

普通的钉子是用来钉进木料或水泥,起连接作用的。它由钉头、钉杆、钉尖三部分组成,钉头作用是被敲击,容易敲击、方便夹持是其主要功能;钉杆的作用主要是连接,连接可靠、不松动是所希望实现的功能;钉尖的作用是穿入、挤进木料,不使木料开裂、容易钉入是要求实现的功能。

图 6.6 描述了钉子各部分的结构变异,使各部分的功能得到更充分的发挥。其中图 6.6(a)的钉头是平头,平头有助于夹持,也容易敲击;钉杆是环纹形状,与平滑表面相比,由于其凹凸形状与木料之间形成了啮合,所以连接可靠,不易松脱;钉尖是锐利形,容易楔进木料,但使木料形成裂缝的可能性也最大。图 6.6(b)的钉头是抛光柱形,它可以在钉入后继续凹陷进入木料,并被覆盖,以增加美观;钉杆是倒刺环纹形状,使连接更可靠;其钉尖是钝头形,这种结构形状在钉入时会击碎木质纤维,从而减小了木料开裂的可能性。图 6.6(c)的钉头是沉头,其作用同柱形;其钉杆为螺纹形,起作用也同前;其钉尖为鸭嘴形,这种形状既容易楔进木料,又减小了木料开裂机会。图 6.6(d)的钉头是双头结构,既有利于敲击又加强了连接作用,一般用于脚手架的固定。

(a)平头　　　　　　　　　　　　　　(b)扩边光柱形

(c)沉头　　　　　　　　　　　　　　(d)双头

图 6.6　钉子各部分结构

6.1.1.3　渐开线齿轮

渐开线齿轮也是应用最多的一种传动零件,它可用作减速、增速或变速。将其功能分解,可划分为轮齿部分的传动功能,轮体部分的支承功能,轮毂部分的连接功能。

轮齿的传动功能要求传动可靠、平稳、承载能力强,则结构设计重点在齿形的变化。影响齿形的因素是齿轮的参数,包括模数、齿数、压力角等。为避免因制造、安装造成的冲击、振动,可对齿顶进行修缘,增大齿顶部分渐开线的压力角,以实现平稳的传动功能。为提高承载能力,避免齿面的各种破坏,以及轮齿的断裂,可采用变位齿形,或增大齿根圆角半径。

轮体的支承功能要求具有一定的刚度,但又要降低质量,以免增大其转动惯量,消耗机械能。以此其结构形状根据其尺寸的大小分为实心式、辐板式、孔板式、轮辐式等,一般是对称结构。但在特殊场合下,当轴和轴承的刚度较差,由于轴和轴承的变形使齿轮沿齿宽不均匀接触造成偏载时,可以改变轮辐的位置和轮缘形状,使沿齿宽受力大处齿轮刚度小,受力小处齿轮刚度大,利用齿轮的不均匀变形补偿轴和轴承的不均匀变形,见图 6.7。当然这一方案的具体尺寸需要进行详细的计算。

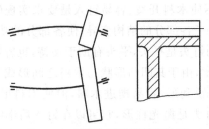

图 6.7　齿轮变形补偿轴的变形

　　轮毂主要是连接功能,应适应轴或轴毂连接件的形状。毂的轴向尺寸、径向尺寸都有严格的规定,以使齿轮在轴上定位可靠,安全连接。

　　关于零件结构功能的分解内容是很丰富的,例如轴的功能可分解为轴环与轴肩用于定位,轴身用于支承轴上零件,轴颈用于安装轴承,轴头用于安装联轴器;滚动轴承的功能可分解为内圈与轴颈连接,外圈与座孔连接,滚动体实现滚动功能,保持架实现分离滚动体功能。

　　为获得更完善的零件功能,在结构设计与创新中可尝试进行功能分解的方法,再通过联想,类比与移植等创新原理进行功能的扩展,或新功能的开发。

6.1.2　功能组合

　　功能组合是指一个零件可以实现多种功能,这样可以使整个机械系统更趋于简单化,简化制造过程,减少材料消耗,提高工作效率,是结构创新设计的一个重要途径。功能组合可以分为同种功能组合与不同功能组合。

6.1.2.1　同种功能组合

　　将同一种功能或结构在一种产品上重复组合,以满足人们对这一类功能的更高的使用要求,这是一种常用的创新方法。如图 6.8 所示的自行车专用扳手,将不同螺母外廓尺寸的孔组合在同一扳手上,提高了应用范围,节省了材料。如图 6.9 所示的 V 带传动,就是将多个同样的 V 带结构组合在同一个带轮上,大大提高了传动能力。机械传动中使用的万向联轴节可以在两个不平行的轴之间传递运动与动力,但是万向联轴节的瞬时传动比是变化的,会产生附加动载荷,所以实际使用中通常是将两个同样的单万向联轴节按一定的方式连接,组成双万向联轴节(如图 6.10 所示),就可以使瞬时传动比恒定。图 6.11 所示的大尺寸螺钉预紧结构,实际上就是组合螺钉结构。由于大尺寸螺钉的拧紧比较困难,为此在大螺钉的头部设置了几个较小的螺钉。通过逐个拧紧小螺钉使大螺钉产生较大的预紧力,达到与拧紧大螺钉同样的效果。多孔电源插座、多汽缸内燃机、多级离心泵都是同类功能组合创新的应用。

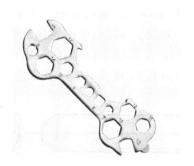

图 6.8　自行车专用扳手

图 6.9　联组 V 带

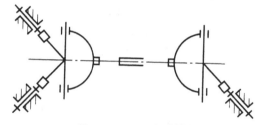

图 6.10　双万向联轴带

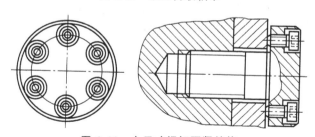

图 6.11　大尺寸螺钉预紧结构

6.1.2.2　不同功能组合

不同功能组合一般是在零件原有功能的基础上增加新的功能，如前文已经提到的具有多种扳拧功能的螺钉头、自钻自攻的螺钉尾、三合一功能的组合螺钉等。另外，这里还推出一种如图 6.12 所示的自攻自锁螺钉，该螺钉尾部具有弧形三角截面,可直接拧入金属材料的预制孔内,挤压形成内螺纹,它是一种具有低拧入力矩,高锁紧性能的螺钉。如图6.13所示的螺母的作用是与螺栓一起完成实现紧固和连接功能的。为了提高连接的可靠性,通常还必须采取防松措施,如图6.13(a)中的弹簧垫圈。将防松的功能添加到螺母上,就得到了如图图6.13(b)所示的收口螺母。在日常生活中也有很多功能组合的例子,如图6.14所示的就是多功能菜刀。

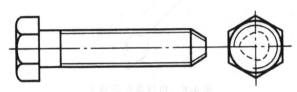

图 6.12　自攻自锁螺钉

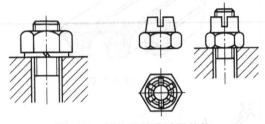

图 6.13　螺栓连接的防松结构

(a)弹簧垫圈防松;(b)收口螺母防松

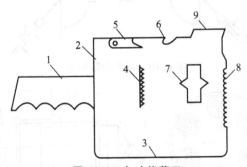

图 6.14　多功能菜刀

1—刀柄;2—刀身;3—刀刃;4—插片、插条、插粗细丝板;5—铁盒罐头起子;
6—玻璃瓶罐头起子;7—瓶盖起子;8—刮鱼鳞刀;9—砍斧

　　许多零件本身就具有多种功能,例如花键既具有静连接又具有动连接的功能;向心推力轴承既具有承受径向力又具有承受轴向力的功能。图6.15所示为三种深沟球轴承。图6.15(a)是两面带有密封圈的深沟球轴承,密封圈保证了其严密性,能防止污物从一面或两面进入轴承,而且在制造时已装入适量的润滑脂,在一定的工作时间内不用加油。图6.15(b)是

外圈带有止动槽的深沟球轴承,放入止动环后,可简化轴承在外壳孔的轴向
固定,缩短了轴向尺寸。图 6.15(c)是外圈有止动槽,一个侧面带有防尘盖
的深沟球轴承,这种结构不需要再设置轴向紧固装置及单侧密封装置,使支
承结构更加简单、紧凑。

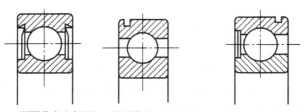

(a)两面带有密封圈　(b)外圈带有止动中槽　(c)一个侧面带有防尘盖

图 6.15　组合功能轴承

　　图 6.16 所示的是一种带轮与飞轮的组合功能零件,按带传动要求设计
轮缘的带槽与直径,按飞轮转动惯量要求设计轮缘的宽度及其结构形状。

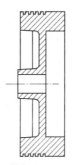

图 6.16　带轮与飞轮组合功能

　　图 6.17 所示是在航空发动机中应用的将齿轮、轴承和轴集成的轴系结
构。这种结构设计大大减轻了轴系的质量,并具有较高的可靠性。

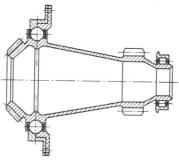

图 6.17　齿轮—轴—轴承的集成

6.1.3 功能移植

功能移植是指相近的或相似的结构可实现完全不同的功能。这可以通过联想、类比、移植等创新技法获得新功能。例如齿轮啮合常用于传动,但也可将啮合功能移植到联轴器,产生齿式联轴器,同样的还有滚子链联轴器。

螺栓连接的摩擦防松除借助于螺旋副的预紧力增加来防松外,还常采用各种弹性垫圈,有波形弹性垫圈、齿形锁紧垫圈、锯齿锁紧垫圈,见图6.18。它们的工作原理一方面是依靠垫圈被压平产生弹力,弹力的增大又使结合面的摩擦力增大而起到防松作用;另一方面也靠齿嵌入被连接件而产生阻力防松。

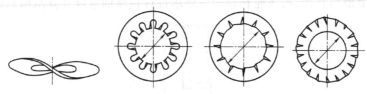

图 6.18　各类弹性垫圈

同样的功能原理可移植到轴毂连接,就产生了星盘连接、容差环连接、压套连接等各种弹性连接,如图6.19所示。图6.19(a)是星盘连接,星盘是由特种弹簧钢经淬火与回火制成的碟形盘,从盘的内边与外边交替地切出径向口,当通过轴向力使盘被压平时,由于弹性变形,星盘外经增大,内径缩小,从而使毂紧压在轴上,形成轴与毂的摩擦连接。

图6.19(b)是容差环连接,容差环是使用优质弹簧钢带冲压成波形弹性环,再经淬火和回火而成。使用时,将容差环装入轴与毂之间,靠容差环的径向弹性变形产生径向压力,使得工作时产生摩擦力。

图6.19(c)是压套连接,压套是具有交替内外凹槽的圈套,圈套由弹簧钢经淬火与回火制成。将压套装入轴与毂之间,施加轴向压力使套变形,则与轴和毂之间产生摩擦力传递转矩。

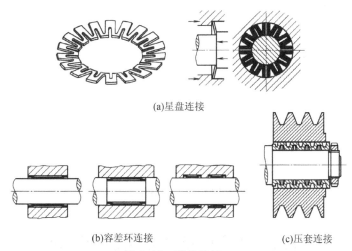

(a)星盘连接

(b)容差环连接　　　　　　　　　　(c)压套连接

图 6.19　弹性连接

液压常用于动力传递,如液压泵、液压传动等。若将液压产生的动力用于变形就可以移植到连接功能上,也就产生了液压胀套连接。液压胀套是近几年来发展的一种新型轴毂连接零件,其工作原理是在胀套内制作多个环形内腔,各内腔有小孔相连,若腔中充满高压液体,则套主要产生径向膨胀,对轴与毂就会形成径向压力,工作时就靠摩擦力传递转矩,实现轴毂的可靠连接,见图 6.20。

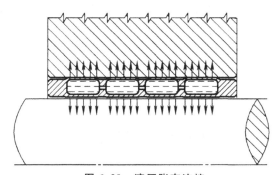

图 6.20　液压胀套连接

螺纹常用于连接,如螺栓连接、螺柱连接;也用于传动,如车床的丝杠。但若利用内外螺纹的相对运动与啮合间隙,也可用于输送流体,例如螺旋泵。

最巧妙的功能移植是一种连接软管用的卡子。如图 6.21 所示,这是一种蜗杆蜗轮传动。用改锥拧动蜗杆头部的一字形槽,蜗杆转动,转动的蜗杆使得与其啮合的圆环状蜗轮卡圈走齿,致使软管被箍紧在与其相连的刚性管子上。

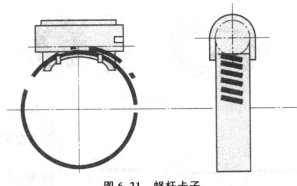

图 6.21 蜗杆卡子

6.2 提高性能的结构创新设计

6.2.1 提高强度和刚度的设计

强度和刚度设计是结构设计的基本问题,合理的结构设计可以减小单位载荷所引起的材料应力和变形量,提高结构的承载能力。在"机械设计"等课程中都讲过很多通过改善结构提高强度和刚度的措施,此处从结构创新的角度,加以探讨与说明。

强度和刚度都与结构受力有关,在外载荷不变的情况下降低结构受力是提高强度和刚度的有效措施。

6.2.1.1 载荷分担

采用载荷分担方法,能提高结构的承载能力。图 6.22 为一位于轴外伸端的带轮与轴的连接结构。

图 6.22(a)中的结构在将带轮的转矩传递给轴的同时也将压轴力传给轴,它将在支点处引起很大的弯矩,并且弯矩所引起的应力为交变应力,弯矩和转矩同时作用会在轴上引起较大应力。图 6.22(b)所示的结构中增加了一个支承套,带轮通过端盖将转矩传给轴,通过轴承将压轴力传给支承套,支承套的直径较大,而且所承受的弯曲应力是静应力,通过这种结构使弯矩和转矩分别由不同零件承担,提高了结构整体的承载能力。

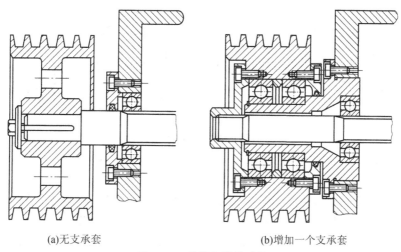

(a)无支承套　　　　　　　　　(b)增加一个支承套

图 6.22　带轮与轴的连接

　　图 6.23(a)所示的蜗杆轴系结构中,蜗杆传动产生的轴向力较大,使得轴承在承受径向载荷同时承受较大的轴向载荷,在图 6.23(b)结构中增加了专门承受双向轴向载荷的双向推力球轴承,使得各轴承分别发挥各自承载能力的优势。

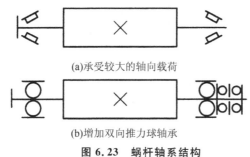

(a)承受较大的轴向载荷

(b)增加双向推力球轴承

图 6.23　蜗杆轴系结构

6.2.1.2　载荷平衡

　　载荷平衡有利于提高结构的承载能力。图 6.24 所示的行星轮系,从受载方面分析:图 6.24(a)结构中齿轮啮合使中心轮和系杆受力。图 6.24(b)所示结构中在对称位置布置 3 个行星轮,使行星轮产生的力在中心轮和系杆上合成为力偶,减小了有害力的传播范围,图 6.24(b)更合理。

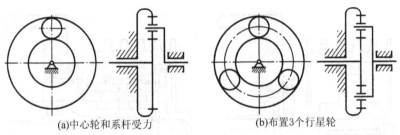

(a)中心轮和系杆受力　　　　　(b)布置3个行星轮

图 6.24　行星轮系

6.2.1.3　减小应力集中

应力集中是影响承受交变应力的结构承载能力的重要因素,结构设计应设法缓解应力集中。在零件的截面形状发生变化处力流会发生变化(见图 6.25),局部力流密度的增加引起应力集中。零件截面形状的变化越突然,应力集中就越严重,结构设计时应尽力避免使结构受力较大处的零件形状突然变化以减小应力集中对强度的影响。

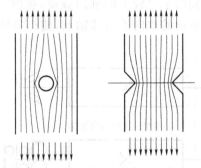

图 6.25　力流变化引起应力集中

图 6.26 所示的轴结构中台阶和键槽端部都会引起轴在弯矩作用下的应力集中,将两个应力集中源设计到同一截面处,加剧了局部的应力集中,使键槽不加工到轴段根部,避免了应力集中源的集中。

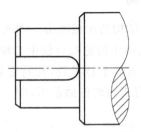

图 6.26　避免应力集中源的集中

6.2.1.4　减小接触应力

渐开线齿轮齿面上不同位置处的曲率半径不同,采用正变位使齿面的工作位置向曲率半径较大的方向移动,对提高齿轮的接触强度和弯曲强度都非常有利。

图 6.27(a)所示结构两个凸球面接触传力,综合曲率半径较小,接触应力大;图 6.27(b)所示为凸球面与平面接触,图 6.27(c)所示为凸球面与凹球面接触,综合曲率半径依次增大,有利于改善球面支承的强度和刚度。

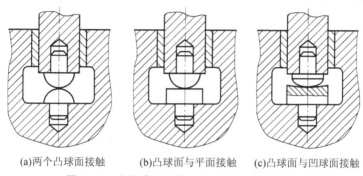

(a)两个凸球面接触　　　(b)凸球面与平面接触　　　(c)凸球面与凹球面接触

图 6.27　改善球面支撑强度和刚度的结构设计

6.2.2　提高精度的设计

6.2.2.1　误差均化

图 6.28 所示为千分尺的测量误差与其螺距误差的对比图;图 6.28(a)为千分尺的累积测量误差;图 6.28(b)为通过万能工具显微镜测得的该千分尺螺杆的螺距累积误差。

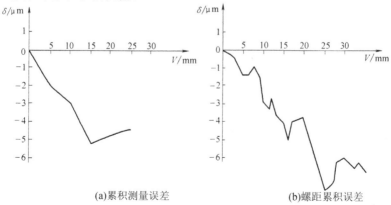

(a)累积测量误差　　　　　　　(b)螺距累积误差

图 6.28　千分尺测量误差与螺距误差对比

6.2.2.2 误差合理配置

在机床主轴结构设计中,主轴前支点轴承和主轴后支点轴承的精度会不相同程度影响主轴前端的旋转精度。通过图 6.29 可知,前支点误差所引起的主轴前端误差为:

$$\delta = \delta_A \frac{L+a}{L}$$

后支点误差 δ_B 所引起的主轴前端误差为:

$$\delta' = \delta_B \frac{a}{L}$$

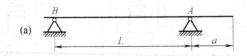

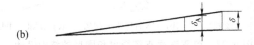

图 6.29　轴承精度对主轴精度的影响

显然,前支点的误差对主轴前端的精度影响较大,所以在主轴结构设计中通常将前支点的轴承精度选择得比后支点高一个等级。

6.2.2.3 误差传递

在机械传动系统中,各级传动件都会产生运动误差,传动件在传递必要运动的同时也不可避免地将误差传递给下一级传动件。在如图 6.30 所示的多级机械传动系统中,假设各级的运动误差分别为 δ_1、δ_2、δ_3,输入运动为 ω_1,则输出运动为:

$$\omega_4 = \frac{\omega_1}{i_1 i_2 i_3} + \frac{\delta_1}{i_2 i_3} + \frac{\delta_2}{i_3} + \delta_3$$

其中,第一项是传动系统需要获得的运动,其余三项为运动误差。

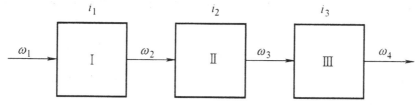

图 6.30　多级机械传动系统

通过对误差项的分析可见,各误差项对总误差的影响程度不同,如果传动系统为 $i>1$,即做减速传动,则最后一级传动所产生的运动误差对总误差影响最大,所以在以传递运动为主要目的的减速传动系统设计中通常将最后一级传动件的精度设计得较高;反之在加速传动系统 $i<1$ 中第一级传动所产生的传动误差对总误差影响最大,在这样的传动系统中通常将第一级传动件的精度设计得较高。

6.2.2.4　误差补偿

图 6.31 所示的两种凸轮机构设计中,凸轮和移动从动件与摇杆的接触点上都会不可避免地发生磨损,图 6.31(a)的结构使得这两处磨损对从动件的运动误差相互叠加,而图 6.31(b)的结构则使得这两处磨损对从动件的运动误差的影响互相抵消,从而提高了机构的工作精度。

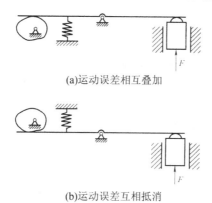

(a)运动误差相互叠加

(b)运动误差互相抵消

图 6.31　凸轮机构磨损量补充

6.2.2.5　采用误差较小的近似机构

有些应用中为简化机构而采用某些近似机构,这会引入原理误差,在条件允许时优先采用近似性较好的机构可以减小原理误差。图 6.32 所示的两种凸轮近似机构都可以得到手轮的旋转运动与摆杆摆动角之间的近似线性关系。图 6.32(a)为正切机构,这种机构中手轮的旋转角 φ 与摆杆摆角 θ 之间的关系为:

$$\varphi \propto \tan\theta + \frac{\theta^3}{3}$$

图 6.32(b)为正弦机构,这种机构中手轮的旋转角 φ 与摆杆摆角 θ 之间的关系为:

$$\varphi \propto \sin\theta - \frac{\theta^3}{6}$$

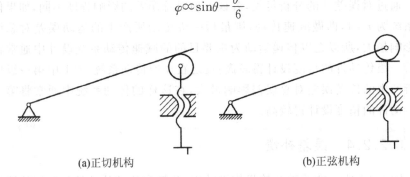

(a)正切机构　　　　　　　　　(b)正弦机构

图 6.32　凸轮近似机构

从公式可以明显看到正弦机构的原理误差比正切机构的原理误差小一半,而且螺纹间隙引起的螺杆摆动基本不影响摆杆的运动,说明采用正弦机构比采用正切机构能获得更高的传动精度。

6.2.2.6　零件分割

回程误差是由间隙引起的,而间隙是运动副正常工作的必要条件,间隙会随着磨损而增大,减小(或消除)运动副的间隙可以减小(或消除)回程误差。

图 6.33 为车床托板箱进给螺旋传动间隙调整机构。在此结构中将螺母沿长度方向分割为两部分,当由于磨损使螺纹间隙增大时,可以通过调整两部分螺母之间的轴向距离使其恢复正常的间隙。调整时首先松开图中左侧固定螺钉,拧紧中间的调整螺钉,拉动楔块上移,同时通过斜面推动左侧螺母左移,使螺纹间隙减小,从而减少回程误差。图 6.34 所示的螺旋传动间隙弹性调整结构将楔块改为压缩弹簧,可以实时消除螺纹间隙,消除回程误差。将一个零件分割为两部分,通过两部分之间的相对位移可以减小或消除啮合间隙,从而减小或消除回程误差。

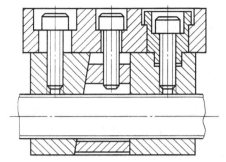

图 6.33　螺旋传动间隙调整结构

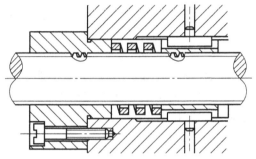

图 6.34　螺旋传动间隙弹性调整结构

　　图 6.35 为消除齿轮啮合间隙的齿轮结构。结构中将原有齿轮沿宽度方向分割成两个齿轮,两半齿轮可相对转动,两半齿轮通过弹簧连接,由于弹簧的作用,使得两半齿轮分别于相啮合齿轮的不同齿侧相啮合,弹簧的作用是消除啮合间隙,并可以及时补偿由于磨损造成的齿厚变化。这种齿轮传动机构由于实际作用齿宽较小,承载能力较小,通常用于以传递运动为主要目的的齿轮传动装置中。

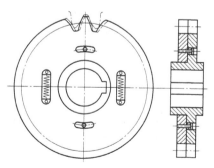

图 6.35　消除齿轮啮合间隙结构

6.2.3 提高工艺的设计

6.2.3.1 方便装卡

在图 6.36 所示的顶尖结构中,图 6.36(a)结构只有两个圆锥表面,用卡盘无法装卡;在图 6.36(b)的结构中增加了一个圆柱形表面,这个表面只是为了实现工艺过程而设置的,这种表面称为工艺表面。

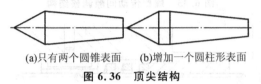

(a)只有两个圆锥表面　　　(b)增加一个圆柱形表面

图 6.36　顶尖结构

在图 6.37 所示的轴结构中,图 6.37(a)所示将轴上的两个键槽沿周向成 90°布置,这两个键槽必须两次装卡才能完成加工;图 6.37(b)所示的结构中将两个键槽布置在同一周向位置,使得可以一次装卡完成加工,方便装卡,提高加工效率。

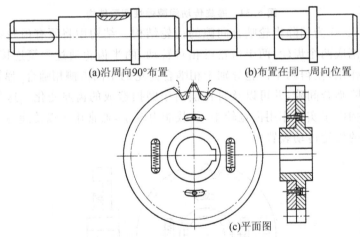

(a)沿周向90°布置　　　　　　(b)布置在同一周向位置

(c)平面图

图 6.37　减少装夹次数的设计

图 6.38 为立式钻床的床身结构,床身左侧为导轨,需要精加工,床身右侧没有工作表面,不需要切削加工。图 6.38(a)中没有可供加工导轨工作表面使用的装卡定位表面;图 6.38(b)中虽然设置了装卡定位表面,但是表面过小,用它定位装卡在加工中不能使零件获得足够的刚度;图 6.38(c)中增大了定位面的面积,并在上部增加了工艺脐,作为定位装卡的辅助支撑,由于工艺脐在钻床工作中没有任何作用,通常在加工完成后将其去除。

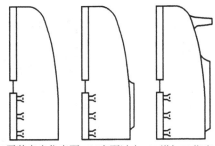

(a)无装卡定位表面　(b)表面过小　(c)增加工艺脐

图 6.38　工艺脐结构

6.2.3.2　方便加工

图 6.39(a)的箱形结构顶面有两个不平行平面,要通过两次装卡才能完成加工;图 6.39(b)将其改为两个平行平面,可以一次装卡完成加工;图 6.39(c)将两个平面改为平行而且等高,可以将两个平面作为一个几何要素进行加工。

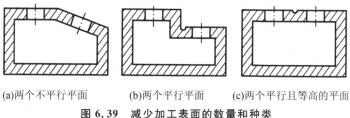

(a)两个不平行平面　　　(b)两个平行平面　　(c)两个平行且等高的平面

图 6.39　减少加工表面的数量和种类

6.2.3.3　简化装配、调整和拆卸

装配的质量对机器设备的运行质量会产生直接影响,设计中是否考虑装配过程的需要也直接影响装配工作的难易。

图 6.40(a)所示的滑动轴承右侧有一个与箱体连通的注油孔,如果装配中将滑动轴承的方向装错将会使滑动轴承和与之配合的轴得不到润滑。由于装配中有方向要求,装配人员就必须首先辨别装配方向,然后进行装配,这就增加了装配工作的工作量和难度。如改为图 6.40(b)的结构,则零件成为对称结构,虽然不会发生装配错误,但是总有一个孔实际并不起润滑作用。如改为图 6.40(c)的结构,增加环状储油区,则使所有的油孔都能发挥润滑作用。

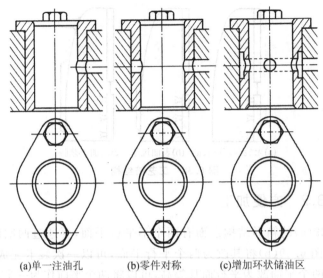

(a)单一注油孔　　　(b)零件对称　　　(c)增加环状储油区

图 6.40　降低装配工作难度的结构设计

例如,图 6.41(a)所示的两个圆柱销的外形尺寸完全相同,只是材料及热处理方式不同,这在装配过程中无论是人还是自动化的机器都很难区别,装错的可能性极大。如果改为图 6.41(b)的结构,两个零件的外形尺寸有明显的差别,就避免了发生装配错误的可能性。

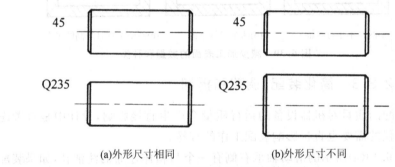

(a)外形尺寸相同　　　　　　　　(b)外形尺寸不同

图 6.41　相似零件具有明显的差别

机械设备中的某些零部件由于材料或结构的关系使用寿命较低,需要多次更换,结构设计中要考虑这些易损零件更换的可能性和方便程度。图 6.42 所示的弹性套柱销联轴器的弹性元件由于使用橡胶材料,所以寿命较低。联轴器两端通常连接较大设备,更换弹性元件时很难移动这些设备,结构设计时应为弹性元件的拆卸和装配留有必要的空间。

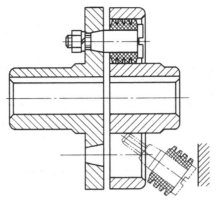

图 6.42 弹性套柱销联轴器

6.3 适应材料性能的创新设计

结构形状要有利于材料性能的发挥:零件材料一般有金属材料、非金属材料;金属材料又包括有色金属材料与黑色金属材料;非金属材料常用的有塑料、橡胶、陶瓷及复合材料。材料的性能主要包括硬度、强度、刚度、耐磨性、磨合性、耐腐蚀性、传导性(导电、导热)等。零件结构形状设计应利用材料的长处,避免其短处,或者采用不同材料的组合结构,使各种材料性能得以互补。

6.3.1 扬长避短

铸铁的抗压强度比抗拉强度高得多,铸铁机座的肋板要设计成承受压力状态,以充分发挥其优势。如图 6.43 所示,显然图6-43(a)所示的结构差,图 6.43(b)所示的结构好。

陶瓷材料承受局部集中载荷的能力差,在与金属件的连接中,应避免其弱点。如图 6.44 所示,其中图 6.44(a)所示的机构不理想;图 6.44(b)所示的销轴连接中用环形插销代替直插销,可增大承载面积,是一种理想的结构形式。

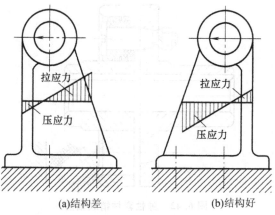

(a)结构差　　　　　(b)结构好

图 6.43　铸铁机座

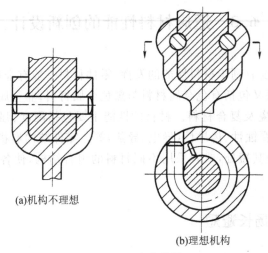

(a)机构不理想

(b)理想机构

图 6.44　陶瓷连接

塑料是常用的工业材料之一,它重量轻,成本低,能制成很复杂的形状,但塑料强度、刚度低,易老化。用塑料做连接件要避免尖锐的棱角,因棱角处有应力集中,而塑料强度又低,所以很容易破坏。塑料螺纹的形状一般优先采用圆形或梯形,避免三角形,如图 6.45 所示。或者可以利用塑料的弹性,不采用螺纹连接,而采用简单的结构形状连接与定位,如图 6.46 所示。

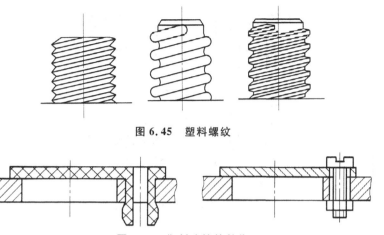

图 6.45　塑料螺纹

图 6.46　塑料连接的替代

6.3.2　性能互补

刚性与柔性材料合理搭配,在刚性部件中对某些零件赋予柔性,使其能用接触时的变形来补偿工作表面几何形状的误差。图 6.47 所示的滚动轴承,将其外圈 2 装在弹性座圈 4 上,4 与外套 3 粘在一起。为防止 2 相对 4 轴向移动,在 4 的两边做有凸起 A,4 上每边还有 3 个凸起 5,它们相互错开 60°。4 上沿宽度方向设有槽 a。当轴承承受径向载荷时,槽就被变形的材料填满。这种轴承可以补偿安装变形,补偿轴向位移,补偿角度位移,减少震动与噪声,延长使用寿命。

对于两刚性元件的相对线性或角度位移量不大,容易处在边界摩擦状态下的连接,可在两个刚性元件之间加一个弹性元件,将两个刚性元件粘接在一起,用弹性元件变形时的内摩擦代替连接的滑动摩擦或滚动摩擦:图 6.48 所示的轴 4 上压配有套筒 2,4 与 3 之间只有摆动,若采用普通铰接,需要润滑,而且有磨损。当在中间粘有弹性套筒 2 后,不但省去润滑与密封,也消除了磨损,提高了可靠性,抗冲击能力,减轻了重量,减少了振动与噪声。

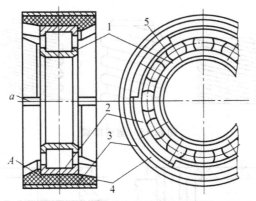

图 6.47　带弹性外圈的滚子轴承
1—内圈；2—外圈；3—外套；4—弹性座圈；5—凸起

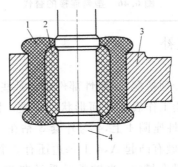

图 6.48　带弹性元件的铰链
1—外套衬；2—套筒；3—外套；4—轴

　　为提高零件的耐磨性，常采用铜合金、白合金等耐磨性能好的材料，但它们均属于有色金属，价格昂贵，而且强度较低。因此结构设计时，采用只有接近工作面的部分使用有色金属。如蜗轮轮缘用铜合金，轮芯用铸铁或钢；滑动轴承座用铸铁或钢，用铜合金做轴瓦，并且轴瓦表面贴附的白合金厚度不用太厚，因白合金强度差，易产生疲劳裂纹，使轴瓦失效。

　　对于链传动，由于是非共轭啮合，所以在工作时会产生冲击振动。经分析，在链条啮入处引起的冲击、振动最大，为改变这种情况，可在链条或链轮的结构上进行变性设计。图 6.49 所示是在链轮的端面加装橡胶圈，橡胶圈的外圈略大于链轮齿根圆，当链条进入啮合时，首先是链板与橡胶圈接触，当橡胶圈受压变性后，滚子才达到齿沟就位。图 6.50 所示的链轮齿沟处开有径向沟槽，用以改变系统的自振频率，避免共振。同时此链轮的两侧面加装有橡胶减震环，用以减少啮合冲击。

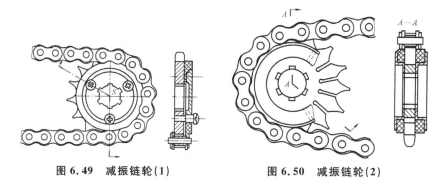

图 6.49 减振链轮(1)   图 6.50 减振链轮(2)

在奥运会期间,运动员在获得奖牌(见图 6.51)后处于兴奋状态,有可能将奖牌抛向空中。为了提高奖牌的抗冲击性能,提高强度,奖牌设计修改完善小组对奖牌金属和玉结合的工艺技术及安全性等进行了多次技术测试,最后采取的工艺方法及结构大致如图 6.52 所示,在玉与金属奖牌座之间填充了弹性胶体作为缓冲吸振体。实验证明,将奖牌从 2m 高空下落做自由落体运动,落地时奖牌完好无损。

图 6.51 奥运会奖牌

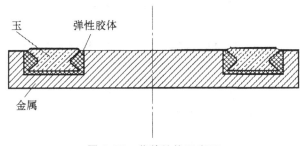

图 6.52 奖牌结构示意图

常见的 V 带传动中的 V 带结构如图 6.53 所示,由顶胶 1、抗拉体 2、底胶 3 和包布 4 组成。由于抗拉体需要承受较大的拉力,所以采用绳芯或帘布芯来承受,而其他部分则采用橡胶和浸有橡胶的包布,可以增大 V 带与带轮槽侧面的附着性和摩擦力,实现功能互补。

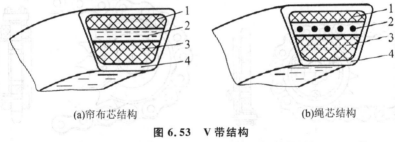

(a)帘布芯结构　　　　　　　　　　(b)绳芯结构

图 6.53　V 带结构

1—顶胶;2—抗拉体;3—底胶;4—包布

6.3.3　结构形状变异

运用不同的材料,往往同时伴随着零部件结构形状的变异。图 6.54 所示的三种夹子,分别采用木材[见图 6.54(a)]、金属[见图 6.54(c)]、塑料[见图 6.54(b)],同时伴随着结构形状的变异。

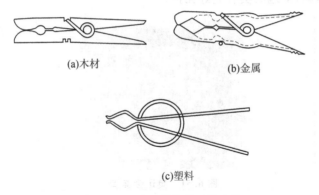

(a)木材　　　　　　　　　　(b)金属

(c)塑料

图 6.54　夹子的结构形状变异

6.4　方便制造与操作的结构创新设计

在满足使用功能的前提下,设计者应力求使所设计产品的结构工艺简单、消耗少、成本低、使用方便、操作容易、寿命长。

6.4.1　加工工艺的结构构型创新设计

对于机械加工而成的零件,在结构设计时要考虑到使装夹、加工与测量时间比较短,设备费用低等因素。这主要体现在加工面的形状力求简单,尺寸力求小,位置应方便装夹与刀具的退出,避免在斜面上钻孔,避免在内表面上进行复杂的加工等。

　　例如,图 6.55 所示的键槽结构,将内部加工的键槽改为在外部加工就是合理的结构设计。

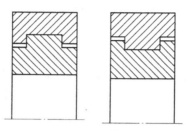

图 6.55　键槽结构

　　对于复杂的零件,加工工序增加,材料浪费,成本将会增高。为了改变这样的结构,可采用组合件来实现同样的功能。图 6.56 为带有两个偏心小轴的凸缘,加工难度较大。但若将小轴改为用组合方式装配上去,则既改善了工艺性,又不失去原有功能。图 6.57(a)所示的复杂薄板零件,如果采用组合零件形式,即将薄板零件用焊接、螺栓联接等方式组合在一起,如图 6.57(b)所示,则可以降低零件的复杂程度,从而降低生产成本。

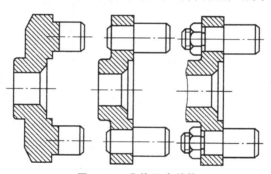

图 6.56　凸缘组合结构

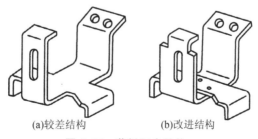

(a)较差结构　　　　　　　　(b)改进结构

图 6.57　薄板组合结构

6.4.2 装配运输的结构构型创新设计

人工装配时,希望装配方便、省力、可靠。同时,随着装配自动化程度的提高,装配自动生产线和装配机器人对结构形状的识别也提出了结构设计的要求。

图 6.58 为一种易拆装的 V 带轮,带轮由带锥孔的轮毂和带外锥的轴套组成。这种带轮对轴的加工要求较低,联接可靠,装拆方便,不需要笨重的拆卸工具,不同的轴径只需要更换不同的轴套,因而也扩大了带轮的通用性。

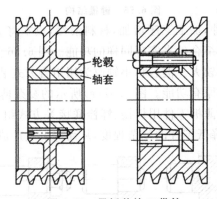

图 6.58　易拆装的 V 带轮

在自动化制造系统中,应尽量提高机器人的方位识别能力,方法之一就是在设计零部件结构时,留有识别特征,使其造型既不影响结构功能,又使结构形状容易识别。例如,图 6.59(a)所示的左、右旋螺栓,从外形上很难识别,在结构设计时可以将左旋螺栓头设计成方形。如果结构是对称结构,因彼此无差别,故不用识别,如图 6.59(b)所示,将单数结构改为双数结构,则可达到不用识别的目的。这给自动化装配带来了方便,可以省去了判别方向的过程。

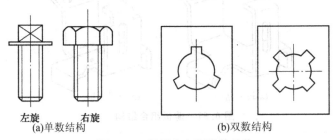

左旋　　右旋
(a)单数结构　　　　　　　　　(b)双数结构

图 6.59　便于方向识别的结构

零件在输送时,形状应简单、稳定,不易相互干扰或倾倒,如图 6.60 所示。其中,图 6.60(a)、(c)、(e)、(g)所示的结构不利于输送,而图 6.60(b)、(d)、(f)、(h)所示的结构均为比较合理的结构形状。

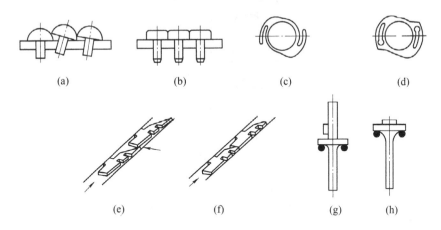

(a)　　　　　　(b)　　　　　　(c)　　　　　　(d)

(e)　　　　　　(f)　　　　　　(g)　　(h)

图 6.60　易于输送的结构形状比较

6.4.3　其他简单结构构型的创新设计

6.4.3.1　便于抓取的结构设计

图 6.61 为齿轮式自锁性抓取机构,该机构由气缸带动齿轮,从而带动手爪做开闭动作。当手爪闭合抓住工件,处在图示位置时,工件对手爪的作用力 F 的方向线在手爪回转中心的外侧,故可实现自锁性夹持。图 6.62 所示为斜楔杠杆式抓取机构,当斜楔 3 往复运动时,手爪 4 完成夹持或松开工件的动作。

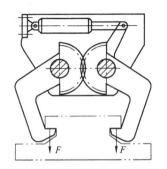

图 6.61　齿轮式自锁性抓取机构

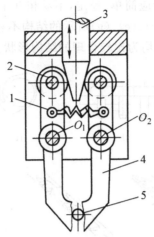

图 6.62　斜楔杠杆式抓取机构

1—弹簧;2—滚子;3—斜楔;4—手爪;5—工件

6.4.3.2　快动连接结构

快动连接结构通过零件的弹性变形达到联接的目的,因此要求联接件具有较好的弹性,多采用塑料或薄钢板材料制作,也可通过增大变形零件长度的方法改善零件的弹性。图 6.63 为螺纹联接结构[图 6.63(a)]和经过改进的快动联接结构[图 6.63(b)]对照图。由此可见,充分利用塑料零件弹性变形量大的特点,利用搭钩与凹槽实现联接,可使装配过程简单、准确,操作方便。

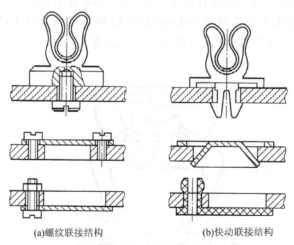

(a)螺纹联接结构　　　　　　(b)快动联接结构

图 6.63　快动连接结构

图 6.64 为一组简单、容易装拆的吊钩结构。由于吊钩零件参与变形的

材料较长,从而使结构具有较好的弹性,装配和拆卸都很方便。

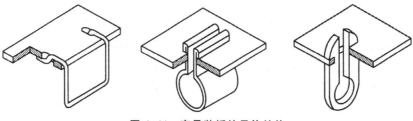

图 6.64 容易装拆的吊钩结构

图 6.65 所示为一组可快速装配的联接结构。

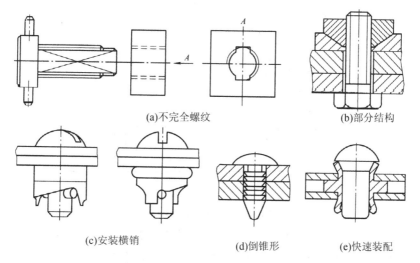

(a)不完全螺纹   (b)部分结构

(c)安装横销   (d)倒锥形   (e)快速装配

图 6.65 快速装配的联接结构

图 6.65(a)所示结构采用较大导程的螺纹,将螺栓两侧面加工成平面,成为不完全螺纹,将螺母内表面中相对的两侧加工出槽形,安装时可将螺栓直接插入螺母中,只需相对旋转较小的角度即可拧紧;图 6.65(b)所示结构将螺母做成剖分结构,安装时将两半螺母在安装位置附近拼合,再旋转较少圈数即可将其拧紧,为防止螺母在预紧力的作用下分离,在被联接件表面加工有定位槽;图 6.65(c)所示结构在销底部安装一横销,靠横销与垫片端面上螺旋面的作用实现拧紧,为防止松动,在拧紧位置处设有定位槽;图 6.65(d)所示为外表面带有倒锥形的销联接结构,销与销孔之间为过盈配合,销装入销孔后靠倒锥形表面防止联接松动;图 6.65(e)所示为快速装配的销联接结构,销装入销孔时迫使衬套变形,外表面卡紧被联接件,内表面抱紧销,使联接不能松动。

6.4.3.3 弹性铰链结构

弹性铰链结构是通过某个零件的弹性变形构成两个零部件或一个零部件的不同部分之间的相对运动。由于省去了运动副,使得机械结构更简单、体积减小,使机器的制造、安装、调整及维护都很方便。例如,在计算机的软盘驱动器上有多处铰链,原设计中普遍采用传统的铰链设计方法[图 6.66(a)],用销轴构造铰链,结构复杂,占用空间大。现在的软盘驱动器设计中将这些铰链处均改为弹性铰链结构,原来的销轴和轴承被一片焊接在两个部件之间的弹性金属片取代[图 6.66(b)],靠金属片的弹性变形实现两个部件之间的相对转动,使结构简化。

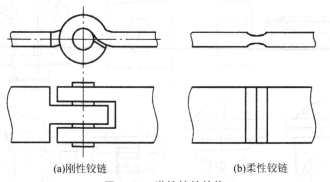

(a)刚性铰链   (b)柔性铰链

图 6.66　弹性铰链结构

图 6.67 所示的柔顺机构,它巧妙地将结构进行改造,由 A、B、C、D 四处薄而短的弹性元件构成的柔性关节即为弹性铰链结构,相当于分别具有扭转刚度 K_A、K_B、K_C、K_D 的弹簧,构件 1、2、3、4 是刚性构件。当原动件 1 上有驱动转矩 M_d 作用时,该机构由于各关节产生弹性变形运动,使构件 3 输出较小范围的角位移 φ,并承受阻力矩 M_r。可见该机构的 A、B、C、D 四个柔性关节,相当于铰链四杆机构的四个刚性回转副。图

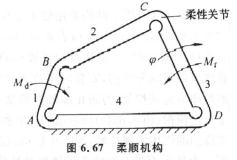

图 6.67　柔顺机构

6.68 为一手动夹钳,该工具是由一块实体材料制成的,柔顺机构在 A、B、C、D 四处制成柔性关节,当在 G 处施加外力 F 时,在 H 处的两爪能产生相对弹性位移,并产生夹紧力。也可根据工作需要,设计制造出带有部分刚性运动副、部分柔性关节、部分刚性构件、部分柔顺构件的机构。由上述内容可知,柔顺机构是通过结构创新后,由本身的预期弹性变形来实现运动和力

的传递。它是一类没有刚性运动副、不需装配的新型机构,具有体积小、质量轻、不需润滑、使用寿命长等优点。

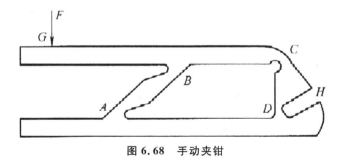

图 6.68　手动夹钳

6.4.3.4　可调杆长结构

调节构件的长度,可以改变从动杆的行程、摆角等运动参数。调节杆长的方法很多,图 6.69 所示为两种曲柄长度可调的结构形式。根据图 6.69(a)调节曲柄长度尺时,可松开螺母 4,在杆 1 的长槽内移动销 3,然后固紧;图 6.69(b)所示为利用螺杆调节曲柄长度,转动螺杆 4,滑块 2 连同与它相固连的曲柄销 3 即在杆 1 的滑槽内上下移动,从而改变曲柄长度 R。图 6.70 所示为调节连杆长度的结构形式,图 6.70(a)所示为利用固定螺钉 3 来调节连杆 2 的长度;图 6.70(b)中的连杆 2 做成左右两半节,每节的一端带有螺纹,但旋向相反,并与联接套 3 构成螺旋副,转动联接套即可调节连杆 2 的长度。

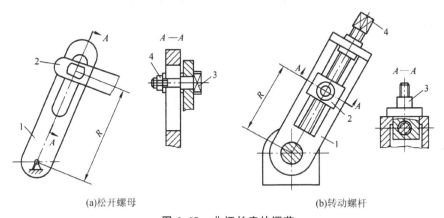

(a)松开螺母　　　　　　　　　　　(b)转动螺杆

图 6.69　曲柄长度的调节

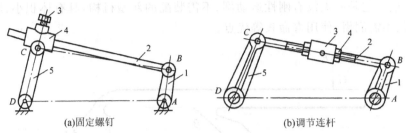

(a)固定螺钉   (b)调节连杆

图 6.70 连杆长度的调节

6.4.3.5 智能控制结构

在结构设计中使用的材料包括结构材料和功能材料。其中,结构材料的主要目的是承受载荷和传递运动;功能材料则主要用来制造各种功能元器件。在功能材料中,当外界环境变化时可以产生机械动作的材料,称为智能材料。应用智能材料构造的结构称为智能结构,它们可以在外界环境条件变化时,自动产生控制动作,使得机械装置的控制功能更加简单、可靠。

图 6.71 所示的天窗自动控制装置是一种智能结构,这种结构应用形状记忆合金控制元件(形状记忆合金弹簧)来控制温室天窗的开闭。当室内温度升高超过形状记忆合金材料的转变温度时,形状记忆合金弹簧伸长,将天窗打开,与室外通风,降低室内温度。当室内温度降低到低于转变温度时,形状记忆合金弹簧缩短,将天窗关闭,室内升温。形状记忆合金弹簧可以感知环境温度的变化,并产生机械动作,通过弹簧长度的变化控制天窗的开闭,使温室温度控制方式既简单又可靠。

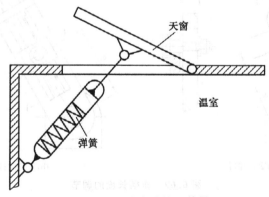

图 6.71 天窗自动控制装置

6.5　机械结构的宜人化设计

6.5.1　减少操作疲劳的设计

设计与操作有关的结构时应考虑操作者的肌肉受力状态,尽力避免使肌肉处于静态肌肉施力状态。

表 6-1 所示的几种常用工具改进前的形状因为使某些肌肉处于静态施力状态,不适宜长时间使用,改进后使操作者的手更趋于自然状态,减少或消除了肌肉的静态施力状况,使得长时间使用不易疲劳。

表 6-1　工具的改进

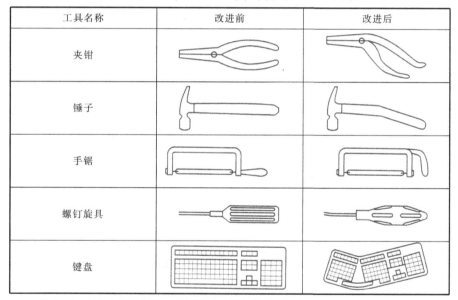

工具名称	改进前	改进后
夹钳		
锤子		
手锯		
螺钉旋具		
键盘		

曾有人对图中所示的两种钳子对操作者造成的疲劳程度做过对比试验:试验中两组各 40 人分别使用两种钳子进行为期 12 周的操作,试验结果是使用直把钳的一组先后有 25 人出现腱鞘炎等症状,而使用弯把钳的一组中只有 4 人出现类似症状,试验结果如图 6.72 所示。

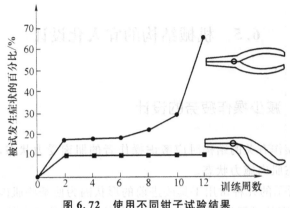

图 6.72　使用不同钳子试验结果

　　人在静态施力状态下能够持续工作的时间与施力大小有关。当施力大小等于最大施力值的15％时血液流通基本正常,施力时间可持续很长而不疲劳,等于最大施力值15％的施力称为静态施力极限,试验结果如图6.73所示。当某些操作中静态施力状态不可避免时,应限制静态施力值不超过静态施力极限。

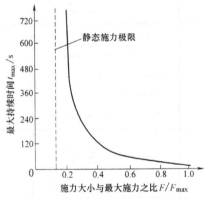

图 6.73　施力大小与持续时间的关系

6.5.2　减少观察错误的设计

　　在人机系统设计中,操作者能够及时、正确、全面地了解机器的工作状况是非常重要的。选择显示器形式主要依据显示器的功能特点和人的视觉特性。试验表明:人在认读不同形式的显示器时正确认读的概率差别较大,试验结果见表6-2。

表 6-2 不同形式刻度盘的误读率比较

刻度盘形式	开窗式	圆形	半圆形	水平直线	垂直直线
误读率	0.5%	10.9%	16.6%	27.5%	35.5%
最大可见度盘的尺寸/mm	42.3	54	110	180	180

通常在同一应用场合应选用同一形式的仪表,同样的刻度排列方向,以减少操作者的认读障碍。曾有人为节省仪表空间设计过图 6.74 所示的组合。实践证明:认读难度提高,误读率增大。

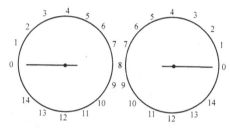

图 6.74 不同刻度方向的刻度盘组合

仪表的刻度排列方向应符合操作者的认读习惯,圆形和半圆形应以顺时针方向为刻度值增大方向,垂直方向应该从下到上为刻度增大方向。

仪表摆放位置的选择应以方便认读为标准。当视距为 80cm 时,水平方向最佳认读区在 ±20° 范围内,超过 ±24° 后正确认读时间显著增长;垂直方向的最佳认读区域为水平方向线以下 15° 范围内。

重要的仪表应摆放在视区中心,相关的仪表应分组集中摆放,有固定使用顺序的仪表应按使用顺序摆放。

6.5.3 提高操作能力的设计

操作者在操作机械设备或装置时需要用力,人处于不同姿势、不同方向、不同手段用力时发力能力差别很大。一般人的右手握力大于左手,握力与手的姿势与持续时间有关,当持续一段时间后握力显著下降。推拉力也与姿势有关,站姿前后推拉时,拉力要比推力大;站姿左右推拉时,推力大于拉力。脚力的大小也与姿势有关,一般坐姿时脚的推力大,当操作力超过 50~15N 时宜选脚力控制。图 6.75 所示为人脚在不同方向上的力量分布图。

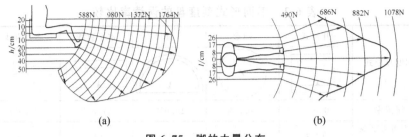

(a)   (b)

图 6.75　脚的力量分布

　　用手操作的手轮、手柄或杠杆外形应设计得使手握舒服,不滑动;用脚操作最好采用坐姿,座椅要有靠背,脚踏板应设在座椅前正中位置。图 6.76 所示为旋钮的结构形状与尺寸建议。表 6-3 列出了各种尺寸旋钮的操纵力。

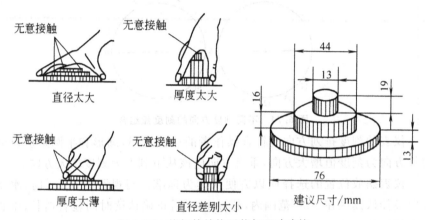

图 6.76　旋钮的结构形状与尺寸建议

表 6-3　各种尺寸旋钮的操纵力

旋钮尺寸/mm		操纵力/N	
D	H	合适	最大
10	13	1.5	10
20	20	2.0	20
50	25	2.5	25
60	25	5—20	50

6.5.4　外形和色彩设计

零件的外形应与零件的功能、零件的材料、载荷特点、加工方法相适宜，同时也要适应人的反应。例如，减速箱的功能是放置轴及传动齿轮，同时还要作为轴的支承与油箱。其材料常用铸铁，加工过程有铸造、镗孔、铣平面、钻孔等。箱座的外形常被设计成长方体，安装轴承的支承处设有加强筋，与箱盖和地面结合处设计成凸缘状，为安装起运方便还应设计吊耳或吊环等。

在满足使用功能、加工条件、材料特型外，还要考虑外形的和谐、均衡、稳定。一般产品的外形多为对称布置，例如各种轮型零件的腹板孔常设计成 4 个或 6 个，并对称分布；花键的键槽也是对称分布。图 6.77 表示了一个外形均衡的机座。假如要设计成非对称结构的，要注意结构的和谐、合理性。图 6.78 是几种非对称结构的实例。

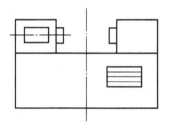

图 6.77　外形均衡的机座

图 6.78　非对称结构

外形稳定主要体现在上小下大、上轻下重、重心较低，让人产生稳定感。经常采用附加的或扩大支承面来实现稳定。图 6.79 表示了一个通过扩大支承面实现外形的稳定。

机械产品的配色一方面要考虑色彩要与零部件的功能相适应，另一方面还要考虑与环境相协调。例如，示警色彩要鲜明，一般采用黄色或红色。消防车用红色，工程车采用黄色。对于机器中的危险部分，如外露的齿轮、自动报警开关等可局部涂上鲜艳的橙色。为有洁净感，色彩则比较素雅，如医疗与食品常采用白色或淡蓝色。为有凉爽感，如冰箱、风扇等，多用冷色。

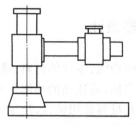

图 6.79　外形稳定的结构

为了隐蔽,色彩要与环境相似,所以军用机械多采用绿色和迷彩颜色。

对于机身、机座常采用套色的做法,一般是两套色。例如,机床,为使操作者心情愉快,主调色一般采用鲜艳色彩,辅助色则与及其功能相适应,应能反映出机器的造型和结构特征。故机床一般采用浅灰与深灰,奶白与苹果绿,苹果绿与深紫的套色方法。

6.6　模块拼接的结构创新设计

在结构创新过程中,通常先有一个构思雏形,然后再把这个构思用实物表现出来。对于很多构件或构件组合,若加工成实物,费用较高,所以用模块拼接的方法来构成实物,不失为一种简洁经济的结构创新方法。

在儿童玩具的插接积木中就体现了模块拼接法的思想内涵。积木单元块是某种插接积木的基本插件,这些插件可以进行多方位的插接,形成不同功能的创意玩具。图 6.80 所示的机器人及启发小朋友学前认知的图形就是用插接件组合而成的。目前工业上也采用慧鱼拼接模块进行结构的创新设计,图 6.81 所示是采用慧鱼组合模块搭接的车和机器人模型。

图 6.80　插接积木的模块　　　　图 6.81　插接积木拼接的车和机器人

第7章　反求创新设计

反求设计是以先进技术或产品的实物、软件(图纸、程序、技术文件等)、影像(照片、广告图片等)作为研究对象,应用现代设计理论方法学、生产工程学、材料学、设计经验、创新思维等和有关专业知识进行系统深入地分析与探索,并掌握其关键技术,进而开发出先进产品。运用反求技术,可以缩短新产品开发的时间,提高新产品开发的成功率,是创新设计的一种有效方法。

7.1　反求设计概述

7.1.1　反求设计的含义

人们通常所指的设计是正设计,是由未知到已知的过程、由想象到现实的过程,这一过程可用图7.1来描述。当然这一过程也需要运用类比、移植等创新技法,但产品的概念是新颖的、独创的。

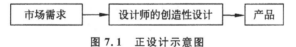

图 7.1　正设计示意图

反求设计则不然,虽然为反设计,但绝不是正设计的简单逆过程。因为针对的是别人的已知和现实的产品,而不是自己的,所以也不是全知的,是一个虽然知其然,但不知其所以然的问题。因为一个先进的成熟的产品凝聚着原创者长时间的思考与实践、研究与探索,要理解、吃透原创者的技术与思想,在某种程度上比自己创造难度还要大。因此反求设计绝不是简单仿造的意思,是需要进行专门分析与研究的问题,其含义可用图7.2所示框图描述。

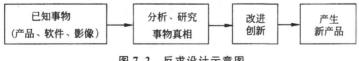

图 7.2　反求设计示意图

171

7.1.2 反求工程的过程

基于引进技术的反求工程一般要经历如图 7.3 所示的过程。

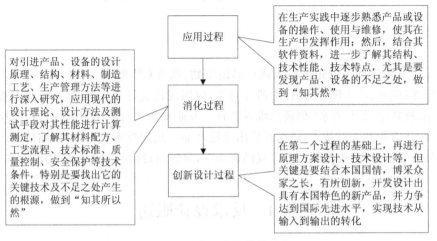

对引进产品、设备的设计原理、结构、材料、制造工艺、生产管理方法等进行深入研究,应用现代的设计理论、设计方法及测试手段对其性能进行计算测定,了解其材料配方、工艺流程、技术标准、质量控制、安全保护等技术条件,特别是要找出它的关键技术及不足之处产生的根源,做到"知其所以然"

应用过程

消化过程

创新设计过程

在生产实践中逐步熟悉产品或设备的操作、使用与维修,使其在生产中发挥作用;然后,结合其软件资料,进一步了解其结构、技术性能、技术特点,尤其是要发现产品、设备的不足之处,做到"知其然"

在第二个过程的基础上,再进行原理方案设计、技术设计等,但关键是要结合本国国情,博采众家之长,有所创新,开发设计出具有本国特色的新产品,并力争达到国际先进水平,实现技术从输入到输出的转化

图 7.3 反求工程经历的过程

从这个过程来看,基于引进技术的反求工程主要是一个与传统设计方法相结合的创新设计过程,因此,从这个意义上看,反求工程又称为反求设计。

三洋电机开发洗衣机的过程就是一个很好的实例。1952 年夏,当时三洋电机的社长井植岁男觉察到洗衣机在未来一段时间内将会存在巨大的市场,于是下定决心开始进行洗衣机的研制。它们购买了各种不同品牌的洗衣机,并将其送至干部的家中,公司也放满了各式各样的洗衣机以供全体的员工们反复研究琢磨、试验、比较和分析,充分总结和剖析各类洗衣机的优缺点、安全性能、方便程度以及价格水平等,经过一段时间的研究,他们终于找出了一种比较不错的方案,并试制了一台样机。正当新的产品即将投入市场时,他们又发现了英国胡佛公司最新推出的涡轮喷流式洗衣机,在这种情况下他们果断地对新出现的产品进行全面解剖和改进,而将已投入几千万元研制出的即将成批生产的洗衣机放弃掉。功夫不负有心人,他们于1953 年春研制出日本第一台喷流式洗衣机,并取得很大成功,不但获得了客观的经济效益,更是在洗衣机行业站稳了脚跟。

7.2   实物的反求设计

实物反求设计是以已存在的产品实物为依据,对产品的功能原理、设计参数、尺寸、材料、结构、装配工艺、包装使用等进行分析研究,研制开发出与原型产

品相同或相似的新产品。这是一个从认识产品到再现产品或创造性开发产品的过程。实物反求设计需要全面分析大量同类产品,以便取长补短,进行综合。有人也将其称为硬件反求设计。硬件反求设计是常用的设计方法。

7.2.1　实物反求设计的种类

根据反求对象的不同,实物反求设计可分为三种:

(1)整机反求。反求对象是整台机器或设备,如发动机、机床、汽车、成套设备中的某一设备等。一些不发达国家在经济起步阶段常采用这种方法,以加快工业发展的速度。

(2)部件反求。反求对象是机械装置中的某一部件,如机床的主轴箱、汽车中的后桥、飞机的起落架等。反求部件一般是机械设备中的关键部件,也是先进产品中的技术控制部件,如空调、冰箱中的压缩机。

(3)零件反求。反求对象是机械中的某些关键零件,如汽车后桥中的锥齿轮、发动机中的凸轮轴等。

采用哪种反求技术完全取决于引入国家的引入目的、需求、科技水平和经济能力。

7.2.2　实物反求设计的特点

实物反求设计的特点如图 7.4 所示。

实物反求设计的特点

①具有形象直观的实物存在,有利于进行形象思维

②可对产品的功能、性能、材料等直接进行测试分析,以获得详细的设计参数

③可对产品或设备的零件尺寸、结构、材料等直接进行测绘,以获得重要的尺寸参数

④反求目的是仿制时,可缩短设计周期,提高产品的生产起点与速度

⑤仿制产品与引进产品有可比性,有利于提高仿制产品的质量

⑥引进的产品就是新产品的检验标准,为新产品开发确定了明确的赶超目标

图 7.4　实物反求设计的特点

实物反求虽然形象直观,但引进产品时费用较大,因此要充分调研,确保引进项目的先进性与合理性。

7.2.3 实物反求设计的准备工作

实物反求设计的准备工作一般包括决策准备、思想和组织准备、技术准备。

决策准备又分为收集及分析资料、进行可行性分析研究、进行项目评价工作这几个步骤,如图7.5所示。

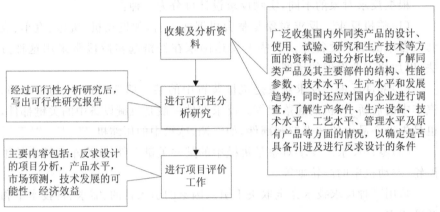

图 7.5　决策准备过程

反求设计是复杂、细致、多学科且工作量很大的一项工作,需要各方面的人才,一定做好思想和组织准备,要有周密、全面的安排和部署。

技术准备阶段主要是收集有关反求对象的资料并加以消化,通常包括两方面的资料,如图7.6所示。

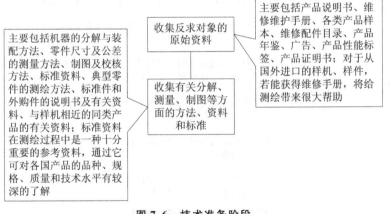

图 7.6　技术准备阶段

7.2.4 实物反求设计的一般过程

图 7.7 所示为实物反求设计的一般流程图。

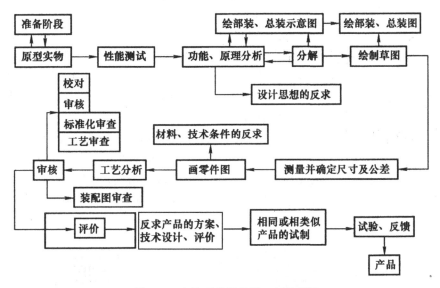

图 7.7 实物反求设计的一般流程图

7.2.4.1 实物的功能分析、测试与反求

功能是指机械产品所具有的转化能量、物料或信息的特性。机械产品的总功能是通过各子功能的协调来实现的。子功能还可以分解为可直接求解的最小功能单位,一般称其为功能元。总功能、子功能和功能元之间的关系可用功能树的结构形式来表示。在各项子功能中,把起关键作用的子功能称为关键功能,其他子功能则为辅助功能。关键功能是反求的重点。

功能分析方法的大致是这样的:首先,把机械产品的总功能分解为若干子功能的过程;然后,通过子功能的求解与组合,设计出能够实现相同总功能的多种机械产品方案;最后,从诸多方案中进行优化选择,找出具有最佳效果的方案。通过实物的功能分析过程,能够明确各部分的作用和设计原理,对原设计有较深入的理解,为实物反求打下坚实的基础。

需要说明的是,在对样机分解前要根据具体情况的不同来选择合适的项目,对其进行详细的性能测试,通常有运转性能、整机性能、寿命及可靠性等。一般来说,除进行实际测试外,还要从理论上对关键零部件进行分析计算,这样通过实际测试与理论计算的结合能够达到比较好的效果,同时也给自行设计积累一定的资料。

进行功能反求时,可把机械产品看作一个技术系统,再把该系统看作一个黑箱。通过各子功能的求解而得到了实现总功能的产品方案后,该黑箱则变为透明箱。

7.2.4.2　原理方案的反求

产品是针对其功能要求进行设计的,而实现相同功能的原理方案是多种多样的。了解现有原理方案的工作原理和机构组成,探索其构思过程和特点,通过反求,设计变异出更多能实现同样功能新的原理解法,在此基础上进行优化,以获得性能更好的产品。

例如,图 7.8 所示的无发动机惯性玩具汽车,除用飞轮(惯性轮)存储动力外,还利用惯性原理使汽车在遇到障碍物时反向行驶。通过原理方案分析知道该汽车中的飞轮及小齿轮所在轴沿轴向可以滑动,当汽车遇到障碍物后,由于惯性作用,滑移小齿轮前冲,从图 7.8(a)所示位置达到图 7.8(b)所示位置,小齿轮与冠轮另一侧相啮合,使车轮反向倒行。

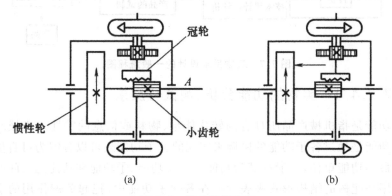

(a)　　　　　　　　　　　　(b)

图 7.8　惯性玩具汽车

又例如对图 7.9 所示的油田抽油机机构做反求设计。由图可知 $ABCD$ 为一曲柄摇杆机构,当曲柄 1 逆时针转动时,游梁 3 顺时针绕 D 点摆动,驴头 4 带动抽油杆 5 上升,完成抽油动作。在抽油过程中,曲柄要克服抽油阻力和抽油杆的重量做功,连杆 2 承受拉力。当曲柄逆时针转过某角度后,游梁 3 逆时针绕 D 点摆动,抽油杆做回程运动,在该过程中,抽油杆 5 的重量带动驴头 4 下摆,此时驴头和抽油杆的重量为驱动力,二者受力不变,连杆 2 仍然承受拉力。

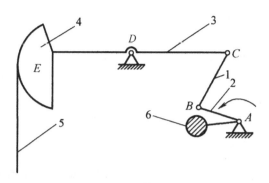

图 7.9　油田抽油机机构

1—曲柄;2—连杆;3—游梁;4—驴头;5—抽油杆;6—平衡配重

　　既然连杆在一个运动循环中都受拉力,如果用柔性构件代替原来的刚性构件,取消游梁和驴头,则可以创新设计出如图 7.10 所示的采用线索滑轮式的无游梁抽油机机构。无游梁抽油机结构进一步简化,能耗降低,效率得到了提高。

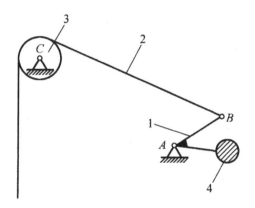

图 7.10　无游梁抽油机机构

1—曲柄;2—钢索;3—滑轮;4—平衡配重

7.2.4.3　实物设备的分解

　　为了解样机的具体结构和零件的尺寸,必须对样机进行分解。分解机器实物时必须遵守如图 7.11 所示的规则,否则会出现分解后的样机不能恢复原状的情况。

　　另外,还有一点需要特别说明的是,一定要正确使用装拆工具,不能硬砸乱打。

　　实物分解的一般步骤如下:

　　(1)拍照并绘制外轮廓图,并在其上标注相应的尺寸。主要有总体尺寸、安装尺寸、运动零件极限尺寸等。

（2）将机器分解成各部件。为了记录整个实物及各部件的组成、零件的相应位置和传动关系，在拆卸前，应先画出装配结构示意图，且在拆卸过程中应不断改正和补充，特别要注意零件的作用和装配关系。

遵循能恢复原机的原则进行分解，也就说，拆完后的样机能按分解的逆过程进行复原装配

对分解后的部件和零件按机器的组成情况进行编号，并有分解记录，说明零件类型，如连接件、紧固件、传动件、密封件等，并标明是否为标准件，分解的零件要由专人管理

拆完后不易复原的零件（如游标、过盈配合的零件和一些不可拆连接等）可不分解

分解过程中要做好分解记录。特别要注意难拆零件和有装配技巧的零件分解过程，减少恢复原机的困难

图 7.11　分解机器实物必须遵守的规则

（3）将各部件分解成零件。分解时要将分解后的零件归类、记数、编号并保管好。

7.2.4.4　零件尺寸测绘与绘制草图

虽然被测零件的结构形状千差万别，在产品中所起的作用也各不相同，但通常将其分为一般零件、传动零件、标准零件和标准部件等。测绘时必须正确使用测量工具、仪器，要基本按比例画出零件草图，然后标注测量尺寸。测量尺寸时要注意以下问题，如图 7.12 所示。

选择测量基准。机械零件有两种尺寸，即表示机械零件基本形体的形状尺寸和基本形体的位置尺寸，位置尺寸确定后才能决定形状尺寸。确定位置尺寸的基准常选在零件的底面、端面、中心线、轴线或对称平面

每个尺寸要多次测量，取其平均值为测量尺寸。对配合尺寸、定位尺寸等功能性尺寸要精确到小数点后三位

具有复杂形体的零件（凸轮、汽轮机叶片等）要边测量边画放大图，及时修正测量结果

实测尺寸的处理。实测尺寸不等于原设计尺寸，需要把实测尺寸推论到原设计尺寸

有些不能直接测量的尺寸，可根据产品性能、技术要求、结构特点、工作范围等条件，通过分析计算出来

表面质量的测定。表面粗糙度可利用表面粗糙度仪直接测定，表面硬度可应用硬度计直接测定，并判断表面热处理的情况，由此判断零件的加工工艺

零件材料的分析与测定。材料的化学成分可通过原子光谱法、红外光谱法、微探针分析法确定；材料的组织结构可利用显微镜测定

图 7.12　测量尺寸时要注意的问题

完成上述工作后，就可完成零件草图的绘制和技术要求的标定。结合已分解产品和待开发产品的具体要求，即可开展反求设计。

7.2.4.5　工艺的反求

许多先进设备的关键技术是先进的工艺,因此分析产品的加工过程和关键工艺十分必要。在工艺反求分析的基础上,结合企业的实际制造工艺水平,改进工艺方案,或选择合理工艺参数,确定新的产品制造工艺方法。

比如,戴纳卡斯特公司生产的电气元件接线盒中,大批电缆支架所用的锌镁合金螺母顶部有宽缝,只有局部螺纹。为抵抗螺钉使支架螺孔两侧分开的力,螺母外部为方形,放在模压的塑料外壳中。经过分析发现,之所以设计这种特别的结构是因为采用压铸工艺制造内螺纹孔(图 7.13)。压铸工艺 1min 可以生产 100 个零件,精度达 $30\mu m$,模具寿命 100 万次,大大提高了效率,降低了成本。

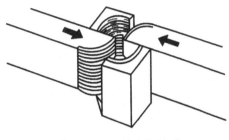

图 7.13　压铸内螺纹孔

7.3　技术资料的反求设计

技术引进过程中,把与产品有关的技术图样、产品样本、专利文献、影视图片、设计说明书、操作说明、维修手册等技术文件统称技术资料。技术资料的引进又称为软件引进。软件引进模式要比硬件引进模式经济,但却要求具备现代化的技术条件和高水平的科技人员。

7.3.1　技术资料反求设计的特点

按技术资料进行反求设计的目的是探索和破译其技术秘密,再经过吸收、创新,达到快速发展生产的目的。按技术资料进行反求设计时,要首先了解技术资料反求设计的特点,如图 7.14 所示。

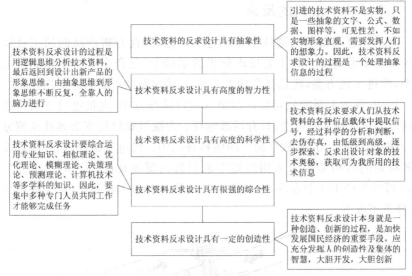

图 7.14　技术资料反求设计的特点

7.3.2　技术资料反求设计的一般过程

技术资料反求设计的一般过程：

（1）引进技术资料进行反求设计必要性的论证。包括对引进对象做市场调研及技术先进性、可操作性论证等。对引进的技术资料进行反求设计要花费大量时间、人力、财力、物力,进行必要性论证能够减少不必要的经济损失。

（2）引进技术资料进行反求设计成功的可行性论证。并非所有技术软件都能反求成功。进行可行性论证,避免走弯路。

（3）原理、方案、技术条件反求设计。

（4）零、部件结构、工艺反求设计。

（5）分析整机的操作、维修是否安全与方便。

（6）产品综合性能测定及评价。

7.3.3　技术资料反求设计的方法

7.3.3.1　产品图样的反求设计

1.引入产品图样的目的

引入国外先进产品的图样直接仿造生产,是我国 20 世纪 70 年代技术引进的主要目的。这是洋为中用、快速发展本国经济的一种途径。我国的汽车工业、钢铁工业、纺织工业等许多行业都是依靠这种技术引进发展起来的。实行改革开放政策以后,增加了企业的自主权,技术引进快速增加,缩短了与发达国家的差距。但世界已进入了以高科技为代表的知识经济时代,仿造虽可加快发展速度,但却不能领先或达到世界先进水平。在仿造的基础上有所改进、有所创新,研究出更为先进的产品,产生更大的经济效益,是目前引入产品图样的又一目的。

2.设备图样的反求设计过程

一般情况下,设备图样的反求设计比较容易些,其过程简介如图 7.15 所示。

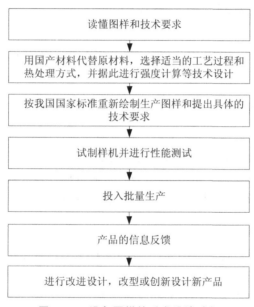

图 7.15　设备图样的反求设计过程

3.振动压路机的反求设计

在 20 世纪 80 年代初,我国从西方国家引进振动压路机技术资料。根据技术资料制造出仿造机后,发现仿造机的非振动部件和驾驶室的振动过大,操作条件差。在对有关技术资料及仿造机进行反求分析之后,发现引进的振动压路机技术是利用垂直振动实现压紧路面的,如图 7.16(a)所示,而在实际应用中却很难消除由垂直振动带来的负面影响。因此工程设计人员转换思路,决定采用水平振动代替垂直振动的方法,创新设计出了如图 7.16(b)所示的新型振动压路机。新型水平振动压路机具有更好的压实效果,并且还很好地解决了垂直振动引起的负面影响,滚轮不脱离地面,静载荷得到了充分的利用。

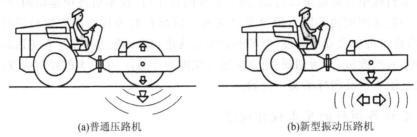

(a)普通压路机　　　　　　　　　(b)新型振动压路机

图7.16　振动压路机

7.3.3.2　专利文献的反求设计

由于专利产品具有新颖性和实用性,因而专利技术越来越受到人们的重视。对专利技术进行深入的分析研究和反求设计,已经成为人们开发新产品的一条重要途径。

1.专利文献资料

内容包括:国家专利局公布的中国发明专利说明书、实用新型专利说明书等;世界各国公布的专利说明书;技术杂志、报刊对发明家和技术发明的专题介绍等;科技成果交易市场、科技投资服务网和专利技术展销会公布的专利信息等。专利说明书是最主要的专利文献资料。

2.专利说明书

主要内容包括:说明书摘要(简介技术成果的组成结构、传动原理、技术特性、经济性及应用场合等);权利要求书(说明专利技术要求保护的具体内容);说明书(通过实例说明专利技术的具体构成、运动转换、性能分析及技术产品的优缺点等)和附图。专利说明书的这四个方面内容是按专利文献进行反求设计的主要依据。

3.反求设计步骤

根据专利文献进行反求设计的主要步骤如图7.17所示。

根据工作的具体需要对专利进行检索，选择相关的专利文献

↓

根据说明书摘要，判断专利技术的新颖性和实用性，决定是否引进该项技术

↓

对照附图阅读说明书，并根据权利要求书判断专利的关键技术

↓

结合国情，分析专利技术产品化的可能性。专利只是一种技术，分为产品的实用新型专利、外观专利和发明专利。专利并不等于产品设计，并非所有的专利都能产品化

↓

研究专利技术持有者的思维方法，以此为基础进行原理方案的反求设计

↓

在原理方案反求设计的基础上，提出改进方案，完成创新设计

图 7.17　根据专利文献进行反求设计的主要步骤

4.带传动试验加载装置的反求设计

国内一所大学曾借鉴 1980 年公布的一项美国专利文献提供的"带传动试验加载装置"专利,对其进行反求设计,成功地研制出一种新型交流电封闭加载带传动试验台。图 7.18 所示为美国专利技术提供的带传动试验台的基本组成形式。反求的关键技术是如何使主动带轮的转速保持恒定不变。专利文献中提出在驱动电动机的电路中安装一个调压器。带轮的设计原则是使驱动电动机在低于其同步转速下进行运转,从动电动机在高于其同步转速下运转。经过对其进行分析后可知,异步电动机的最大转矩随电压的平方而变化,因而在同一负载下的转速也会发生变化。反求的结果是在从动电动机电路中也安装一个调压器,使两个调压器分别成为驱动电动机调速和从动电动机加载的控制器,试验效果良好。

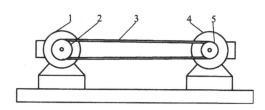

图 7.18　带传动试验台的基本组成形式

1—驱动电动机;2—主动带轮;3—传动带;4—从动电动机;5—从动带轮

7.3.3.3　影像资料的反求设计

影像反求是指的根据照片、图片、广告介绍、参观印象和影视画面等影像资料进行产品反求设计。这种设计没有实物和技术软件作为参考。可见,影像反求本身就是一个创新过程,这种设计方法中通过影像资料得到的设计信息是非常有限的,足以看出反求难度之大。

1.图片资料反求设计的关键技术

影像反求技术目前还不是太成熟,一般的做法就是要利用透视变换和透视投影,形成不同透视图,从外形、尺寸、比例和专业知识等方面去琢磨其功能和性能,进而分析其内部可能的结构,这对设计者具有的经验要求是非常高的,如果没有丰富的设计实践经验是很难很好地完成这个设计任务的。

计算机技术的发展速度之快超出人们的想象,图像扫描技术与扫描结果的信息处理技术也在计算机技术的带动下不断完善。通过色彩可以得到很多的信息,例如,可判别出橡胶、塑料、皮革等非金属材料的种类,铸件或是焊接件,或者钢、铜、铝、金等有色金属材料。此外,通过外形可判别其传动形式。气压传动一般是通过管道集中供气,液压传动多为单独的供油系统,该系统由电动机、液压泵、控制阀、油箱等组成。电传动可找到电缆线,机械传动中的带传动、链传动、齿轮传动等均可通过外形去判别。通过外形还可判别设备的内部结构,根据拍照距离可判别其尺寸。

综上,虽然这一反求设计的难度非常大,但随着现代高新技术的发展这一设计也变得越来越容易。当然,还有一些诸如强度、刚度、传动比等反映机器特征的详细问题是图像处理技术所无法解决的,还需要科技人员进一步探究解决。

2.图片资料反求设计的步骤

进行图片资料的反求设计时,步骤如图 7.19 所示。

影像分析就是根据透视变换原理与技术、透视投影原理与技术、阴影、色彩与三维信息等技术原理,对图像资料进行外观形状分析、材料分析,内部结构分析,并画出草图。

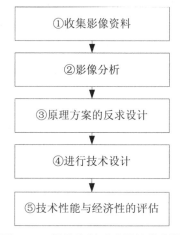

图 7.19　图片资料反求设计的步骤

7.4　计算机辅助反求设计

　　随着现代计算机技术及测量技术的发展,利用 CAD/CAM 技术、先进制造技术实现产品实物的反求工程已成研究热点。从反求工程的基本概念可以看出,反求工程的基本目的主要是复制原型和进行与原型有关的制造,包括"三维重构"和"反求制造"两个阶段。在这两个阶段应用计算机辅助技术,可以大大减少人工劳动,有效缩短设计、制造周期,尤其对一些有很多复杂曲线、曲面的零件,很难靠人工绘图的方法去拟合和拼接出原来的曲面,例如离心泵叶轮、涡轮增压器叶轮的三维曲面、汽车车身外形曲面等。如果利用计算机技术和现代测量技术就可以精确测出其特征点,从而实现精确反求。利用计算机辅助反求设计,可以完成技术人员难以做到的工作,因此其应用日益广泛。

7.4.1　计算机辅助反求设计的过程

　　进行计算机辅助实物反求设计,首先要对实物零件进行参数、外形尺寸测量,然后根据测量数据通过计算机重构出实物的 CAD 模型。对于影像资料,则可利用摄像机将照片中的图像信息输入计算机中,经过计算机中图像处理软件的数据处理后,产生三维立体图形及有关外形尺寸,从而获得图片中产品的 CAD 模型及外形尺寸。根据测量数据形成的 CAD 模型,在对其进行分析的基础上形成数控加工代码,通过数控机床加工出立体实物;或输入激光分层实体制造设备,利用堆积成形的原理,快速形成三维实体零件。

计算机辅助反求设计可归结为以下几个步骤:数据的采集(也可以称为对象的数字化);数据的处理;CAD 模型的建立;产品功能模拟及再设计、后处理等,如图 7.20 所示。

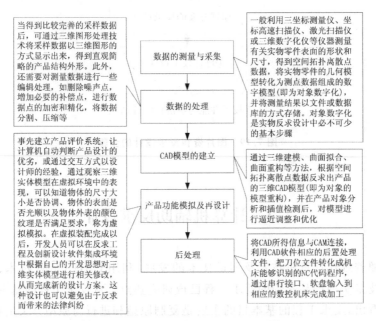

图 7.20 计算机辅助反求设计的步骤

7.4.2 计算机辅助几何造型技术

几何造型是 CAD/CAM 系统的核心技术,也是实现计算机辅助设计与制造的基本手段。常见的计算机辅助几何造型主要包括线框造型、曲面造型、实体造型和特征造型(图 7.21)。用户可根据计算机应用软件提供的界面选择几何造型技术,输入产品的数据,在 CAD/CAM 系统中建立物体的几何模型并存入模型数据库,以备调用。

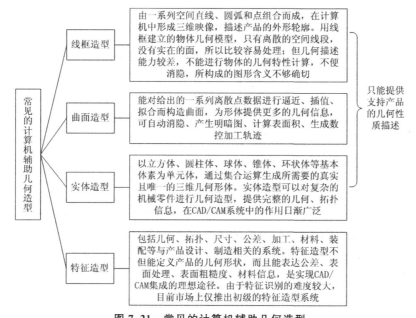

图 7.21　常见的计算机辅助几何造型

7.4.3　图像资料计算机辅助反求设计的一般过程

用摄像机将图片资料的图像信息输入计算机中,经过计算机中图像处理软件的数据处理后,产生三维立体图形及其有关外形尺寸,可获得图片中产品的 CAD 模型及其形体尺寸,以后的过程同前面介绍的一样。

7.5　反求设计实例

7.5.1　抽油机反求实例

图 7.22(a)是常规型游梁抽油机。对其进行机构结构分析得知,它是一个曲柄摇杆机构。分析其工作原理可知,它是利用了杠杆原理,将曲柄的快速转动转换为抽油杆的低速上下往复移动,完成抽油工作。对其进行受力分析发现,当抽油时,抽油杆上升,此时曲柄克服抽油的工作阻力与抽油杆的重量,致使连杆受拉;当返回时,抽油杆下降,导致驴头下摆,同样致使连杆受拉,如图 7.22(b)所示。

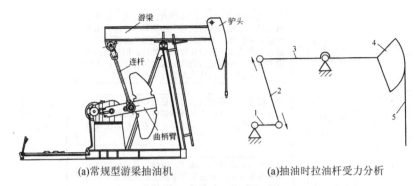

(a)常规型游梁抽油机 (a)抽油时拉油杆受力分析

图 7.22　常规型游梁抽油机

　　根据连杆在机构的一个运动循环中始终受拉的结果,完全可以用柔性构件代替原来的刚性构件,去掉游梁和驴头,采用无游梁式简单结构。这样可以使整机的重量减轻,成本降低,并且调节冲程方便。图 7.23 所示为无游梁式抽油机。

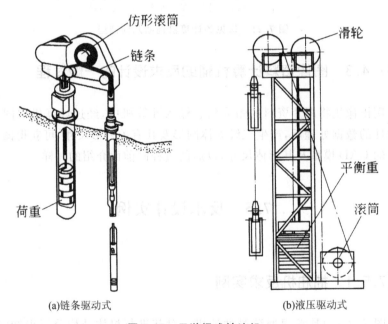

(a)链条驱动式 (b)液压驱动式

图 7.23　无游梁式抽油机

7.5.2　筛分机反求实例

　　振动筛分机是一种用途广泛的振动机械,主要用于煤炭、矿石、石料等工业原料的筛分分级。同时垃圾的分选也缺少不了振动筛分机的应用。它能够实现垃圾的"粒度"分选和"密度"分选,这对于以后的处理提供了极大的方便。

目前国内外研究分为两个层面,一方面致力于对现有的筛分机的运动分析和结构调整;另一方面瞄准新颖的设计目标,寻求更加合理的结构形式、动力学配置和动力学参数。上述两个方面具有一致的研究目标,就是进一步提高筛分的效率,降低能耗,并尽可能地延长筛分机的使用寿命。

图 7.24 所示是进口筛分机的结构简图。针对这样一台机器的反求,首先应该分析其组成、工作性能以及关键性技术。然后进行试车以及重要性能的测试。最后才能进一步进行改进与创新,实现国产化。

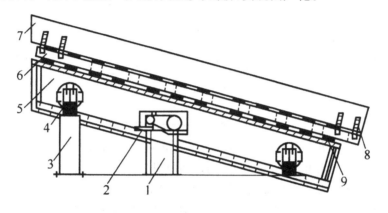

图 7.24 筛分机的结构简图

1—电机架;2—激振器;3—支腿;4—橡胶弹簧;5—下筛筐;
6—槽钢;7—上筛筐;8—筛网夹紧件;9—橡胶块

分析组成情况如图 7.24 所示。该筛分机与普通振动筛的不同地方是:其筛网由一块块的聚氨酯筛网拼接而成,筛网两头通过筛网夹紧件分别固定在筛筐上和槽钢之间,下筛筐由橡胶弹簧支承,上下筛筐与槽钢之间用多个橡胶块连接,这些橡胶块也起了弹簧的作用。激振器安装在下筛筐上,当激振器旋转时,由于筛筐和槽钢运动的耦合,使得筛筐与槽钢的运动不一样,由于每块筛网的两端分别固定在筛筐与槽钢上,这就使得筛网不只是作圆运动,而且还作不同程度的抖动,使物料不容易粘在筛网上,提高了筛分的效率。

为了验证分析的结论,建立了振动筛分机工作的力学模型,如图 7.25 所示。并利用 ADAMS 软件进行了虚拟样机的设计与动力学分析。将实测的近似参数,如弹簧刚度、总质量、隔振系统的频率比等,输入计算机中,进行模拟分析,其结果如图 7.26 所示,可以证明分析的结论完全正确。

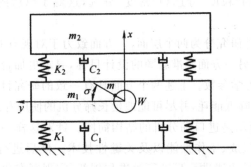

图 7.25　双质体振动筛的力学模型

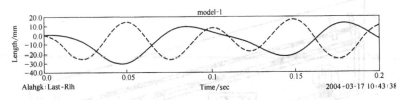

图 7.26　两个质体的振动波形图

由模拟分析的仿真图形可以看出,上下质体的振动存在相位差、频率差,以及振幅差。由此可以造成筛网的圆振动与抖动。

在分析与测试的基础上,进行了小型样机的改进设计。对局部结构进行了改进,并制造出小型样机,利用振动测试试验仪对小型实体样机进行测试,其双质体振动结果如图 7.27 所示,达到了预期效果。

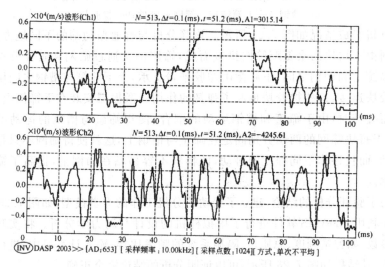

图 7.27　实体样机两个质体双通道分析结果图

7.5.3　拉丝模抛光机反求设计实例

20 世纪 80 年代，国内某大学与工厂合作，根据国外拉丝模抛光机产品说明书上的图片进行反求设计。反求时，先对产品图片进行投影处理。图 7.28 为拉丝模抛光机的形状尺寸分析。图（a）为抛光机的整体透视图，图（b）为分解为简单形体后的透视图，图（c）为通过透视原理作图求得的底箱形状和尺寸比例，图（d）所示为底箱的三视图（按比例），图（e）为整机的三视图（按比例）。根据人机工程学原理，考虑操作人员的操作方便，取箱高度为 1000mm，按比例即可求得抛光机的其他尺寸。

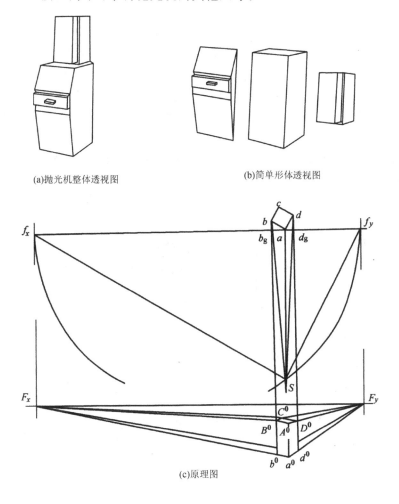

(a)抛光机整体透视图　　　　(b)简单形体透视图

(c)原理图

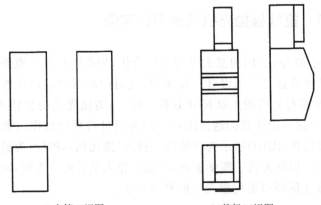

(d)底箱三视图   (e)整机三视图

图 7.28　拉丝模抛光机的形状尺寸分析

　　产品说明书中给出了相关的运动参数,拉丝模的回转速度为 850r/min,抛光丝的往复移动速度为 100～1000m/min,据此反求出箱体内的传动系统如图 7.29 所示。拉丝模的回转运动通过异步电动机和一级带传动来实现。传动比按电动机速度与拉丝模的回转速度的比值选择。抛光丝的往复移动通过曲柄滑块机构和带传动的串联来实现,选择直流调速电动机调速。这样反求设计的拉丝模抛光机不仅达到了国外同类产品的水平,其价格也仅为进口价格的三分之一。

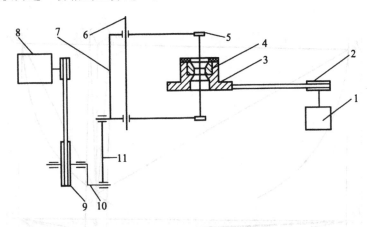

图 7.29　拉丝模抛光机的传动系统

1—异步电动机;2—带传动;3—工件定位板;4—工件;5—抛光丝夹头;
6—导轨;7—往复架;8—直流调速电动机;9—带传动;10—曲柄;11—连杆

7.5.4　电话机反求设计实例

现代产品更新极快,旧的产品经过局部修改创新再生成新的产品。许多新产品是以旧产品为基础的,两者之间存在的差别并不是很大。产品反求工程的设计方法正是通过抽取已有产品的主要特征,作为新产品设计的基础。

这种方法比起从草图开始设计的方法来说,具有以下优点:耗时更少,风险更低,设计成本更低。电话机由于外壳由许多复杂曲面构成,所以传统设计比较复杂,在此利用计算机辅助对其进行创新设计。

7.5.4.1　电话机模型的数字化

电话机外壳由许多复杂曲面构成采用传统的设计方法比较困难,利用计算机辅助反求可以加速设计过程,在此选用三坐标测量机测量装置来获取零件原型表面点的三维坐标值。

对于 CAD 系统的表面造型功能而言,基本上采用的是由点成线,再由线成面的造型方法,实体造型也基本如此,只不过在曲线处理方面有一些特殊要求。所以从 CAD 造型角度来看,三坐标检测方式的重点应集中在自由曲线检测方面,也就是说它决定着以后 CAD 造型工作是否能够顺利进行。

三坐标检测方式的重点在于曲线检测的路径规划,如果测头能以设计者希望的轨迹进行测量,将会提高三坐标测量机的测量精度和工作效率,由于在测量时测头和表面的接触力很小,电话机外壳固定方式采用底座四支撑平面加双面胶固定在工作台上。以工作台面作为 XOY 坐标平面,沿工作台法线方向作为 Z 轴,取电话机外壳的横向对称中线上任意一点为原点,电话机横向为 Y 轴,纵向为 X 轴,利用三坐标检测来获取零件原型表面点的三维坐标值。

如图 7.30 所示为电话外壳曲线检测路径,图 7.30(a)为由 6 个点生成的三次样条曲线形式的检测路径,其中的三角形点表示 6 个检测路径控制点,曲线表示由这 6 个点所生成的检测路径;图 7.30(b)为以步距 10mm 进行的检测路径细分,"＊"为加密点,"。"点表示对应每一"·"点的检测起始点。

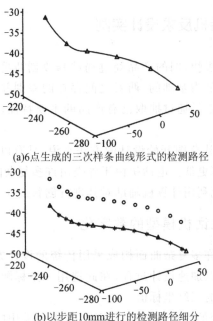

(a)6点生成的三次样条曲线形式的检测路径

(b)以步距10mm进行的检测路径细分

图7.30　电话机外壳曲线检测路径

7.5.4.2　数据处理

反求工程中最关键的一个环节是数据的处理。数据处理得好,则后期模型重构的质量就越高;反之,则低。从测量数据中提取零件原型的几何特征,按测量数据的几何属性对其进行分割,采用几何特征匹配与识别的方法来获取零件原型所具有的设计与加工特征。

目前,将三坐标测量机测得的 3D 点数据以 QITECH 格式输出,从而生成 CAD 能够识别的数据格式,去除特征曲线的坏点,并对特征曲线进行光顺处理。

7.5.4.3　CAD 造型

三维实体重构的首要任务是将测量数据按实物的几何特征进行分割,然后针对不同数据块采用不同的曲面构建方案(如初等解析曲面、B-spline 曲面、Bezier 曲面、NURBS 曲面等)进行造型。

对于数据分割常用基于特征的单元区域分割法,这是三维重构的关键所在。这种数据分割技术就是以简单的表面片作为划分初始的区域单元,再根据单元的微分几何性质和功能来分析判断其周围数据点是否属于该表面片,然后把具有相同或相似几何特征和功能特征的空间离散点划归为同一区域单元。分割后的空间表面片一般都是空曲面片,要按照一定的曲面拟合算法光滑连接以构成样件表面。空间曲面拟合要满足相切、连续、光顺等过渡约束,尽可能与原始测量数据型表面相一致。如图 7.31 所示为电话机外壳三维曲线模型。

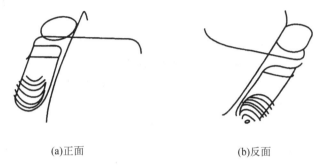

(a)正面　　　　　　　　　　　　　(b)反面

图 7.31　电话机外壳三维曲线模型

最后将这些曲面块拼接成实体。对于高测量精度设备所得到的数据点应采用插值曲面拟合方法,逼近曲面拟合法一般不能通过所有的数据点。对于构造出来的曲面可以使用光照模型、曲率图、等高斯曲率线等辅助手段把曲面转化成实体造型。

目前产品开发周期较之从前都出现明显程度的缩短,以实物为设计依据的逆向工程技术已成为二维设计系统的一个有机补充部分。实践证明:逆向工程结合 CAD/CAM 技术和 NC 机床设计制造模具,可大大提高加工周期,从而加快产品的研发,提高企业的市场竞争力。

7.5.5　搅拌器反求设计实例

下面继续以搅拌器的反求设计为例子对计算机辅助反求设计进行说明。

首先对该模型进行数据采集,由于该搅拌机叶片外形复杂,曲面变化较大且不规则,故采用三坐标测量仪对其进行数据采集。通过变截面扫描物体的方法来进行对象的数字化过程,通过三维图形处理技术将采样数据以三维图形的方式显示出来,得到直观简略的产品结构外形,测得表面轮廓数据点及特征数据点,如图 7.32 所示。

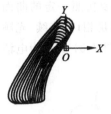
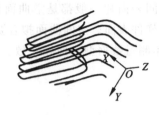
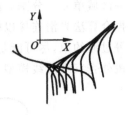

(a)*XY*方向测量数据点　　　(b)*XZ*方向测量数据点　　　(c)*YZ*方向测量数据点

图 7.32　叶片表面轮廓数据点

在对模型进行数据采集后,通过对该数据进行分析,来编辑处理这些采集的数据点,整理凌乱的数据点,分析叶片表面数据点之间的关系,删除噪声点、增加必要的补偿点,然后将数据分割、压缩,把数据中异常的数据点进行编辑过滤整理得到 CAD 模型建立所需要的数据点。把这些数据以定义的坐标原点为中心进行圆周阵列。根据空间拓扑离散点数据反求出产品的三维 CAD 模型,并在产品对象分析和插值检测后,对模型进行逼近调整和优化。利用 CAD 中的直线、圆弧或样条线(spline)连接分型线点,通过与构面交互进行得到曲面。

当外表面完成后,利用 CAD 软件中的曲面造型功能完成叶片的造型,通过布尔运算得到整个搅拌器的模型。

第8章 仿生创新设计

仿生学是要在工程上实现并有效地应用生物功能的一门学科,如感觉、神经、自动控制系统等功能。生物体的结构与功能对机械设计方面给予了很大启发,如将海豚的体形和皮肤结构(游泳时能使身体表面不产生紊流)应用到潜艇设计原理上。

8.1 仿生学与仿生机械学概述

8.1.1 仿生学的研究内容

仿生学的研究内容,从模拟微观世界的分子仿生学到宏观世界的宇宙仿生学,包括了广泛的内容。

仿生设计学的研究内容主要有:

(1)形态仿生设计学,主要研究生物体和自然界物质存在的外部形态及其象征寓意,以及如何通过相应的艺术处理手法将其应用在设计之中。

(2)功能仿生设计学,主要研究生物体和自然界物质存在的功能原理,并用这些原理去改进现有的技术或建造新的技术系统。

(3)视觉仿生设计学,主要研究生物体的视觉器官对图像的识别、对视觉信号的分析与处理,以及相应的视觉流程。

(4)结构仿生设计学,主要研究生物体和自然界物质存在的内部结构原理在设计中的应用问题,可用于产品设计和建筑设计。

8.1.2 仿生机械设计原理

8.1.2.1 几种跳跃生物的运动特点

1.动物跑跳时的运动形态

图 8.1 和图 8.2 分别是马的疾跑形态和印度豹疾跑形态。在疾跑过程

197

中,马的运动步态中只有一个四足腾空相位,脊背形体变化较小;印度豹有两个四足腾空相位,而且显示出较强的躯体柔韧性。

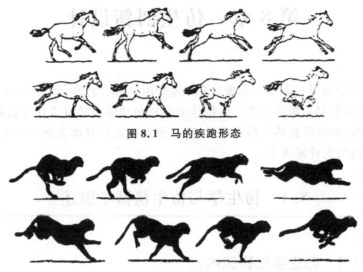

图 8.1　马的疾跑形态

图 8.2　印度豹疾跑形态

能进行跳跃活动的动物还有很多,如蟾蜍的后腿较长,平时褶皱在身后,跳跃时突然伸直,使身体离开地面;袋鼠能连续跳跃(图 8.3),与后腿的特殊构造有关,后肢中有踝骨伸肌,以及与其相连的腱筋,而且很长,直通脚跟,通过肌肉与趾相连。由于腱筋的弹性,袋鼠跳跃时可节省能量。

图 8.3　袋鼠跳跃形态

2.昆虫的跳跃形态

跳跃不仅是昆虫行走的一种有效方式,而且是逃离危险的快捷途径。蟋蟀(图 8.4)体形粗壮,头呈圆形,具有光泽,触角呈丝状超过体长,后足长而细,能够迅速进行跳跃活动。跳跃开始时,中腿和前腿伸展腿胫关节,躯体逐渐提升,使得中腿和前腿先离开地面,当后腿的胫关节完全伸展开时,后腿离开地面,同时触角向后摆到身体的上方。

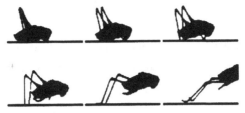

图 8.4 蟋蟀跳跃过程

8.1.2.2 生物跳跃特征在机器人设计中的应用

仿生机器人是生物科学研究与工程科学实践有机结合的产物,它使机器人的应用领域得到了极大的拓展。

1. 单足弹跳机器人

一种单足跳跃机构通过电机与滑轮装置拉紧绳索,使弹性杆收缩,跳跃时通过触发装置瞬间释放绳索,弹性杆弹开质量块推动机构跃起。该跳跃机构质量为 2.5kg,腿长 250mm,采用单向玻璃纤维合成物作弓腿,跳跃时能量损失只有 20%~30%,最高奔跑速度略高于 1m/s。

2. 双足跳跃机器人

通过分析袋鼠跳跃的运动特性。对仿袋鼠跳跃机器人(图 8.5)进行正运动学分析,仿袋鼠机器人在运动过程中,肢体的伸屈使其较好地实现了能量的转换,保证了跳跃能量的释放和储存能够得以连续地进行,使得跳跃能够轻松而持久。这类跳跃方式的机器人对于星际探索是十分重要的,因月球和火星表面重力加速度远远低于地球。仿袋鼠跳跃机器人能充分利用这个特点进行星际探索工作。

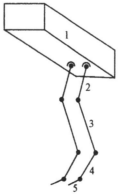

图 8.5 仿袋鼠跳跃机器人机构简图

3. 四足跳跃机器人

由四足动物的跳跃特点可以演化出许多步态形式和体态特征。一种能在凸凹不平的地势上运动的四足跳跃机器人（图 8.6），能够跃过障碍物或沟渠，可用于抢险、救灾等方面的工作。

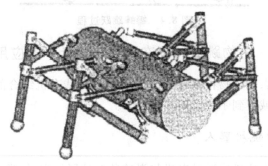

图 8.6　四足跳跃机器人

4. 仿昆虫六足跳跃机器人

仿昆虫六足跳跃机器人其腿部是由高分子管状纤维编织成的人工筋，纤维内部通过微型空气压缩机充气，微控制器控制腿部微型阀门及空气压缩机使人工筋做出绷紧与收缩动作，驱动机器人行走与弹跳。目前正在进行机构微型化研究。

生物跳跃过程的研究、步态的选择和运动的协调控制等，为跳跃机器人从结构学的研究到仿生功能的实现奠定了理论基础，有利于创造出适合更多复杂环境、有广泛应用价值的机器人。

8.1.2.3　爬行与游动仿生机械

1. 仿生蚯蚓

大自然是千姿百态的，在很多动物的身上有我们人类所不能比拟的优点，而这些优点如果被人们所充分利用，那将会产生深远的影响，在研究蚯蚓的爬行机理后设计制造了仿生蚯蚓。蚯蚓身体两侧对称，除了身体前两节，其余各节都有刚毛。而蚯蚓就是依靠它身上的刚毛来运动的。蚯蚓运动时，可以观察到它的身体依次收缩和伸长的样子；当它把前部的刚毛支撑在地面上时，后部身体收缩；当它把后部的刚毛支撑在地面上时，前部的身体伸长。依靠这一伸一缩，蚯蚓的身体就能前进（图 8.7）。

通过分析与观察蚯蚓的运动方式，采用曲柄摇杆和棘轮机构来模拟它的S形蠕动(基本运动)、后退、避障功能。仿生蚯蚓有五节,每一节形似"井"字状。其中一、三、五节装有驱动电机(位于连接轴上),二、四节无电机,只起传动连接作用;一个电机装在头部,实现转弯功能;通过分装在各节的电机(第一节两个、其余各节各一个),实现仿生蚯蚓的动力驱动。

电机主轴的传动,带动曲柄连杆机构运动,曲柄连杆机构带动主架上下摆动,在主架上升和下降的过程中,前轮与后轮在棘轮作用下,交替运动,从而实现了单节的蠕动。

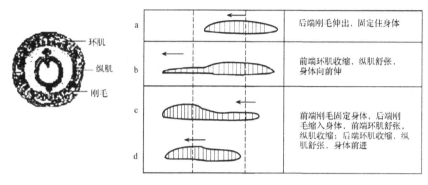

图8.7 蚯蚓的蠕动

电机依次循环启动,实现整体蠕动前进;利用遥控器的控制,电机带动头部交替动作,实现S形的转弯运动;通过棘轮机构,实现后退动作;当前方有障碍时,头部的传感器能自动检测并通过电路控制实现自动避障。

还可以采用连杆机构实现蠕动。如图8.8所示连杆机构用了三个四边形连接,利用四边形变形的特性实现蠕动。

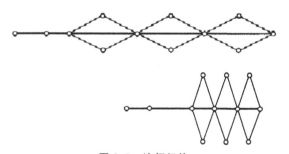

图8.8 连杆机构

2.机械蝎子

机械蝎子运用仿生学原理,根据真实蝎子的运动特点而开发出来,机械蝎子灵活,能适应复杂的环境状况,机械蝎子可以模拟蝎子的爬行,可以在路况较差的情况下平衡行走,且力矩大,运动精确,能在复杂的星际探索任务中发挥重要作用,还可利用其优越的特性进行探矿或者在碎石堆里寻找地震的幸存者等。

机械蝎子(图 8.9)由两个夹子、蝎尾、驱动装置、传感器、遥控装置和电源组成,它有六条腿,两条主动腿,四条从动腿,每一瞬间都有三只腿着地,保持机构的重心平稳。六足通过凸轮与滑块机构进行步线协调运动。通过凸轮与连杆机构实现两个夹子一张一合的运动,尾部外形酷似蝎尾。蝎尾头部装有一个发光的小灯。

图 8.9　机械蝎子

3.机器蛇

机器蛇是一种新型的仿生机器,它能像蛇一样"无肢运动",是机器人运动方式的一个突破。

由于机器蛇具有结构合理、控制灵活、性能可靠、可扩展性强等特点,使得它在许多领域具有广泛的应用前景,如在有辐射、有粉尘、有毒及战场环境下执行侦察任务;在地震、塌方及火灾后的废墟中找寻伤员;还可为人们在实验室里研究数学、力学、控制理论和人工智能等提供实验平台。

4.仿生机器鱼

通过分析鱼类尾摆产生推力的原理,提出鱼的运动是一种波的理念,研究鱼类脊椎的运动规律及在产生推力方面的作用,机器鱼利用鱼类用尾高效游动的机理,实现了较好的推进效果。

仿生学的研究内容是极其丰富多彩的,因为生物界本身就包含着成千上万的种类,它们具有各种优异的结构和功能可供各行业来研究。

8.2　仿生机械手

仿生机械手研究生物体和自然界物质存在的功能原理,并用这些原理去改进现有的技术或建造新的技术系统,功能仿生设计学促进了产品的更新换代或新产品的开发。

8.2.1　旋转式腕离断假肢

腕部截肢的残疾人群体,由于缺少人体活动最为灵活,实现功能最为丰富的手,因而在日常生活中有很多事情无法独立完成,丧失了吃饭、刷牙、写字等自理能力。

8.2.1.1　腕离断假肢产品

1.装饰性腕离断假肢

此类假肢质量轻,外形、色泽和表面结构都近似于正常人手,美观且逼真,但仅能进行简单地被动地开合动作、功能差。

2.索控式腕离断假肢

此类假肢质量轻,不需外来动力源,借助肩带运动,通过牵拉线缆来实现手张合功能,但由于靠绳索传动,其操控性能及传动效率较低。

3.肌电控制式腕离断假肢

这是一种高科技产品,它通过腕断部肌电来控制假手实现抓取放开的动作,需要足够强的肌电信号进行控制,一般采用蓄电池作为动力源,价格高,须由专业人员进行安装。

以上几种产品都不能很好地帮助腕部截肢的人处理日常生活中的各种事情,能否设计一种结构简单实用、功能多、外观美、价格低的腕断离假肢?

8.2.1.2　设计方案

(1)传动机构(图 8.10),通过前臂的扭转,使内外套产生相对运动,经内套中的曲柄和连杆,驱动滑块运动,使得前臂的旋转运动,转变成滑块的直线往返运动。

(2)外套整体成圆柱状,并有过渡环节与人前臂的臂形一致。外套由连接杆引出,用松紧带固定在上臂上,防止外套与内套一起转动,使得外套只能绕肘关节弯曲,而不能沿手臂轴向发生转动。

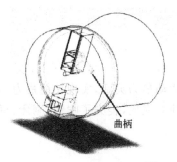
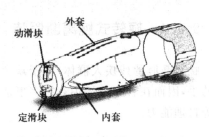

图 8.10 旋转式腕离断假肢

（3）内套为圆柱面，通过轴与外套连接。内套中采用气垫与前臂固定，采用气垫能保证很好的柔软性，可通过改变冲气量的多少，适合不同前臂大小的人群。气垫还扩大了内套与手臂间的接触面积，保证足够的摩擦力，使得内外套产生相对运动，实现动力输出。

（4）动滑块由连杆驱动。滑块端部设计了统一的接口，并配套设计了一系列的接口工具，在不同环境条件和使用要求下，通过装夹口上设置的自动装卸装置，安装工具模块。

（5）设计了筷子、勺、笔、剪刀、小刀、鼠标等常用工具模块，供使用者选用。

8.2.1.3 功能及其特点

产品的主要功能是为了让残疾人完成一些简单的如吃饭、喝水、刷牙、上网等日常自理动作。设计的性能指标为：旋转角度 $0°\sim170°$，夹紧力 $10\sim15N/m$。

产品的主要创新点是动力来源完全来自于人本身，手用前臂的扭转为动力源，它使内外套产生相对运动，通过曲柄滑块机构把手臂的旋转运动转变成工具端的闭合运动；动力由使用者自行输出和调节，全凭手感来满足实际应用需要，使用者自身通过前臂的旋转幅度、力度来调节控制，调节精度高，既避免了机电控制中电路设计的繁杂，也能达到很好的应用要求。采用了统一的标准接口，外部工具的装拆都可由残疾人自主独立完成，通过撞针和切口相配合的装卸装置，能由使用者外旋前臂来自行完成装卸动作，无须他人协助，在不需使用工具时可以换上装饰性手起到美观的效果。功能多样化的模块化工具实现刷牙、写字、看书、上网等功能。

8.2.2　助残多功能手

助残多功能手是为下肢残疾坐轮椅者或是行动不便的老人设计的一种延长上肢,从而方便抓取物品的助残器具,使用者单手握手柄,通过操纵类似钳子的夹持机构抓取物体。它能实现拿取放置在伸手够不到的地方的轻小物品的功能。

夹持机构的张夹动作用一根柔性绳索来实现,往后捏手把的时候,柔性绳索使前端夹持部分夹紧,以此来拿取物体。在拿稳物体之后,使用者单手拉动手把,通过同步带的传动,把人手臂的夹角变化转换成带轮的转动,从而带动六杆机构的运动,实现伸缩功能,将物品移近使用者。

夹持部分(图 8.11)设计成特殊形状,以适应夹取不同大小物体的要求,结构简单、可靠性高、不需要特殊的维护,能适应各种条件下的"取"的动作,小到一支钢笔,大到一个茶杯。

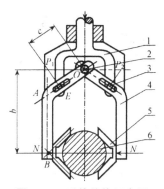

图 8.11　手的结构示意图

1—驱动杆;2—绞销;3—圆柱销;4—手指;5—V 形指;6—工件

8.2.3　可控式用餐机

双臂残疾者吃饭的生活都不能自理,设计一台用餐机,帮助双臂残疾人吃饭,方便残疾人的生活。

8.2.3.1　方案一

铲车(图 8.12)臂的运动和平时人手部舀饭动作十分相似,于是根据铲车臂的运动特点设计了用餐臂(图 8.13)。用餐臂的外观十分像人的手臂,能实现舀饭、送饭的动作。用餐机的服务对象是双臂残疾的人,采用可以转动且可调高度的圆桌,在桌上可任意放置多种菜肴以便选择使用。用脚踏式电源开关来分别控制用餐臂与可转动式圆桌。左脚开关控制圆桌转动,在踩下开关后接通电源,控制圆桌匀速转动。让放在桌面上的菜转到用餐者的面前。圆桌转动的同时碗盘进行自转,通过计算圆桌与碗盘的转速之间的关系,保证每次碗盘都转过一个相对角度,使用餐者可吃到碗盘中不同部位的食物,并把饭菜吃干净。右

图 8.12　铲车

脚开关控制位于用餐者对面的用餐臂,让用餐臂按照预定的运动轨迹带动臂前勺子将盘中饭菜舀起,并送至用餐者面前停下。当吃完后可踩动开关进行下一个动作。

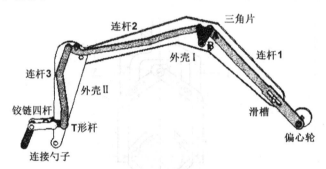

图 8.13　用餐臂

踏板踩下后接通 12V 电源带动电机转动,与电机转轴相连接的偏心轮随之在平面上沿圆形轨迹旋转运动,内嵌螺钉固定在连杆 1 上,连杆 1 上设置有一个与偏心轮旋转运动轨迹圆的直径相等的滑槽,滑槽中销子固定于机架上。当螺钉受到推动力时便可带动连杆 1 做上下往复运动,销子沿滑槽运动,从而实现外壳 I 与连杆 1 的同步屈伸运动。连杆 1 下端连接三角形构件,通过三角形构件与外壳固定,并与连杆 2 相连。当连杆 1 做上下往复运动时,通过带动三角片转动将力传递给连杆 2,连杆 2 与外壳 II 固定,连杆 2 运动便可带动外壳 II 一起运动,从而实现外壳 I 与外壳 II 之间一定角度的屈伸运动。连杆 2 另一端与连杆 3 相连,在连杆 2 做屈伸运动时连杆 3 与连杆 2 有一个相对运动。连杆 3 末端连接铰链四杆机构。铰链四杆机构前端装有勺子,电机通电后,用餐臂与勺子一起缓慢稳定地运动,可完成一系列预定动作。

8.2.3.2　方案二

通过分析吃饭的动作,包括饭碗、饭勺的运动,设计的喂饭机传动原理如图 8.14 所示。喂饭机的动作有:饭碗转动,实现均匀地将碗中的饭菜沿各个方向转动;饭碗上下运动,实现在吃饭的过程中,随着碗中饭菜的减少,将碗向上抬起;饭勺的运动,实现将饭菜从碗中舀起并送入残疾人的嘴中,饭勺中心的运动有一定的轨迹要求,同时勺子中心运动到嘴中后还必须有一个倾斜的动作,将饭菜倾倒在残疾人嘴中。完成这些动作的动力和控制,可利用残疾人自身的双脚和嘴巴。

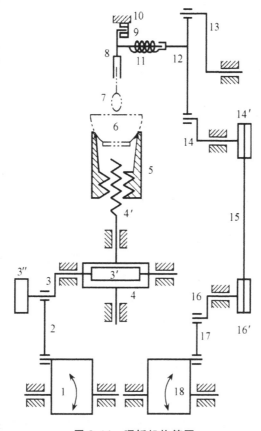

图 8.14　喂饭机构简图

1—踏板;2—连杆;3—曲柄;3′—蜗杆;3″—飞轮;4—蜗轮;4′—螺杆;5—螺母;
6—饭碗;7—饭勺;8—摆杆;9—滚子;10—沟槽凸轮;11—弹簧;12—连杆;13—摇杆;
14—曲柄;14′—带轮;15—皮带;16—曲柄;16′—驱动带轮;17—连杆;18—踏板

喂饭机工作原理如下:残疾人左脚踏踏板 1(曲柄摇杆机构的摇杆),通过连杆 2 使曲柄 3 转动,为了克服死点,安装飞轮 3″曲柄和蜗杆 3′为同一个

构件,驱动蜗轮 4 转动,蜗轮 4 与螺
杆 4′为同一个构件;与螺杆配合的螺
母 5 上面固定有饭碗 6,在一般情况
下,在螺杆和螺母在摩擦力作用下,
螺母与螺杆之间无相对运动,以与蜗
轮 4 相同的速度转动,从而实现螺母
上固定的饭碗转动;如果残疾人用嘴
咬住或用嘴阻碍饭碗的转动,当阻力
大于螺杆和螺母间的摩擦力时,螺杆
和螺母出现相对运动,使螺母和其上
的饭碗上下运动,便于将碗底的饭菜
舀起。残疾人右脚踏踏板 18 时,通
过曲柄摇杆机构驱动带轮 16′转动;
通过带传动,使从动带轮 14′转动,
14′与另一个曲柄摇杆机构的曲柄 14
为同一个构件,它们一起转动;在曲
柄摇杆机构的连杆 12 上安装有用于
固定饭勺的摆杆 8,通过计算(按连杆
上点的轨迹设计四杆机构),使连杆
上对应饭勺中心点的轨迹(图 8.15
中虚线所示)满足吃饭时饭勺的运动

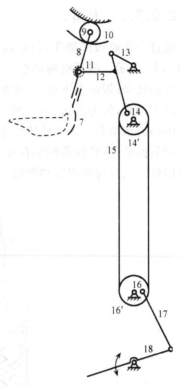

图 8.15 饭勺工作原理图
(图中各构件名称见图 8.14)

轨迹要求;为了实现饭勺运动到嘴边时倾斜的动作,摆杆 8 的尾部滚子 9 置
于固定的沟槽凸轮 10 的导槽中,通过凸轮廓线,使饭勺在适当的时候倾斜,
将饭菜倾倒入残疾人嘴中;扭转弹簧 11 是为了使倾斜的饭勺复位用的,同
时保持滚子与凸轮廓线可靠接触。

8.2.4 多指多关节机械手

随着机器人应用范围的日益扩大和向智能化、拟人化方向的发展,其手
部也有多指多关节的拟人化要求。现介绍一种经济实用的五指多关节机械
手爪的设计。

8.2.4.1 动力与减速装置

用直流电动机作为机械手爪的动力,并充分发挥机电互补优势,通过谐
波减速器及灵巧机构的组合,使机器人手爪具有类似人手的功能。谐波减速

器(图 8.16)由刚轮、柔轮和波发生器构成。选用 24V/40W 的普通直流电机和减速比为 1∶100、直径为 30mm 的谐波减速器作为动力与减速装置。

图 8.16　谐波减速器

8.2.4.2　多指多关节的机械结构

图 8.17 为从提高功能价格比、简单实用的角度出发,设计的用单动力源驱动手爪的五指多关节结构图。

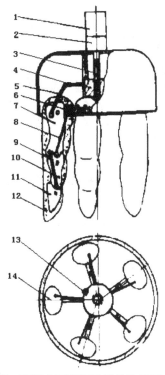

图 8.17　五指十五关节手爪结构原理

1—直流电机;2—谐波减速器;3—丝杠;4—螺母;5—连杆;6—弹性支座;

7—第一指节;8—拨杆;9—拨杆;10—第二指节;11—第三指节;12—橡胶;

13—导向杆;14—五指对称手指

图 8.17 中,直流电机 1 经谐波减速器 2 减速后带动丝杠 3 旋转,使螺

母 4 在导向杆 12 中上下移动,螺母 4 带动五根连杆 5 使五个手指的第一指节 7 转动,手指安装在弹性支座(手掌)6 上,弹性支座 6 上另有五根固定拨杆 8 插入各手指的第二指节 10 上端的凹槽中,使第二指节在第一指节旋转时能同时绕第一、第二指节间的关节轴转动,而第一指节 7 下端装有固定拨杆 9 插入第三指节 11 上端的凹槽中,使第三指节同时随第一、第二指节的转动而绕第二、第三指节间的关节轴转动,从而形成三个指节联动抓握或放开目标物体。

其抓握原理如图 8.18(a)所示。当抓取的目标物各边形状与手爪中心不对称时,每个手指各关节的弯曲程度可以不同,手爪对被抓物体的形状具有适应性。先接触物体的手指其指关节产生较大的抗力而不能弯曲,当螺母带动连杆 5 继续上移时,该手指的弹性支座 6 将向上翘起使手指不再弯曲,而其他未接触到物体的手指将继续弯曲,直到每一个手指都接触物体,如图 8.18(b)所示。

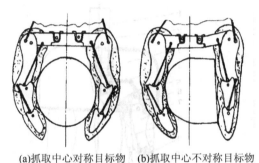

(a)抓取中心对称目标物　　(b)抓取中心不对称目标物

图 8.18　抓取不同形状目标物

用一台电机驱动的智能机械手能像人手一样,实现可靠抓取鸡蛋动作和进行修理工作。用 24V/40W、转速为 3500r/min 的普通直流电动机,经 1∶100 的谐波减速器及丝杠、螺母驱动的五个手指的十五个指节机械手爪进行抓握实验,可将质量为 1500g 的方形、球形及形状不规则的物体可靠地抓取。弹性支座可以使手指的弯曲程度不同,实现自适应抓取。

8.2.5　拾球机器人

乒乓球训练馆乒乓球满场地都是,要捡乒乓球不得不弯着腰到处捡,如果有一个乒乓球捡球器该多好。拿一个木棍,然后用铁丝做成一个锥形,上面全部封死,留一个小开门,下面接触地面的地方用橡皮筋一条一条纵向的连接起来。最后把棍子和这个小容器连接起来固定后就做好了捡球器(图 8.19)。捡球器在地上按,因为皮筋是有弹性的,所以一按就有好几个乒乓球进到了小容器里面,因为皮筋和皮筋之间的间距比乒乓球的直径小,所以乒乓球在里面不会掉出来。把装在容器里面的乒乓球,从旁边的开口中倒到球案上的盆子里面。可以起到省力的作用,那么能否自动捡乒乓球呢? 于是又设计了智能拾球机器人(图 8.20),拾球机器人由夹紧机构、上下摆机构、旋臂机构、控制系统、传感器组成,还可采用滚轮或吸气方式自动捡乒乓球。

图 8.19　乒乓球捡球器

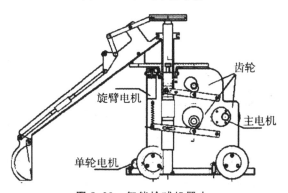

图 8.20　智能拾球机器人

机器人的手现在已经具有了灵巧的指、腕、肘和肩胛关节,能灵活自如的伸缩摆动,手腕也会转动弯曲。通过手指上的传感器还能感觉出抓握东西的重量,可以说已经具备了人手的许多功能。

8.3　步行与仿生机构的设计

运动是生物的最主要特性,而且往往表现着“最优”的状态。据调查,地球上近一半的地面不能为传统的轮式或履带式车辆到达,而很多足式动物却可以在这些地面上行走自如,这给人们一个启示:有足运动具有其他地面运动方式所不具备的独特优越性能。

8.3.1 有足动物腿部结构分析

有足运动具有较好的机动性,其立足点是离散的,对不平地面有较强的适应能力,可以在可能到达的地面上最优地选择支撑点,有足运动方式可以通过松软地面(如沼泽、沙漠等)以及跨越较大的障碍(如沟、坎和台阶等)。其次,有足运动可以主动隔振,即允许机身运动轨迹与足运动轨迹解耦。尽管地面高低不平,机身运动仍可以做到相当平稳。第三,有足运动在不平地面和松软地面上的运动速度较高,而能耗较少。

在研究有足动物时,观察与分析腿的结构与步态非常重要。如人的膝关节运动时,小腿相对大腿是向后弯曲的;而鸟类的腿部运动则与人类相反,小腿相对大腿是向前弯曲的;这是在长期进化过程中,为满足各自的运动要求逐渐进化形成这些独特结构。

图 8.21 为人类与鸟类的两足步行状态示意图。

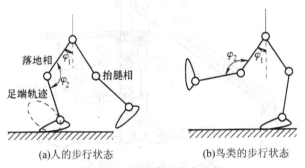

    (a)人的步行状态   (b)鸟类的步行状态

图 8.21　两足步行状态分析

四足动物的前腿运动是小腿相对大腿向后弯曲,而后腿则是小腿相对大腿向前弯曲,图 8.22 为四足动物的腿部结构示意图。如马、牛、羊、犬类等许多动物都按此规律运动;四足动物在行走时一般三足着地,跑动时则三足着地、二足着地和单足着地交替进行,处于瞬态的平衡状态。

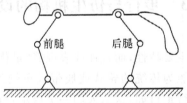

图 8.22　四足动物的腿部结构示意图

两足动物和四足动物的腿部结构大多采用简单的开链结构,多足动物的腿部结构可以采用开链结。图 8.23(a)所示为多足动物的腿部的一种结构示意图,图 8.23(b)所示为仿四足动物的机器人机构示意图。

拟人型步行机器人有足运动仿生可分为两足步行运动仿生和多足运动仿生。其中,两足步行运动仿生具有更好的适应性,也最接近人类,故也称之为拟人型步行仿生机器人。

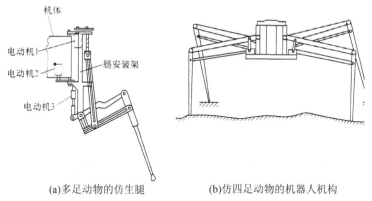

(a)多足动物的仿生腿　　　　　(b)仿四足动物的机器人机构

图 8.23　多足动物的仿生腿结构

拟人型步行机器人具有类似于人类的基本外貌特征和步行运动功能,其灵活性高,可在一定环境中自主运动,并与人进行一定程度的交流,更适合协同人类的生活和工作。与其他方式的机器人相比,拟人型步行机器人在机器人研究中占有特殊地位。

8.3.1.1　拟人型步行机器人的仿生机构

拟人型步行机器人是一种空间开链机构,实现拟人行走需要各个关节之间的配合和协调,因此各关节自由度分配上的选择是十分重要的。依据仿生学原理分析,关节转矩最小条件下的两足步行结构的自由度配置认为髋部和踝部各需要 2 个自由度,可以使机器人在不平的平面上站立,髋部再增加一个扭转自由度,可以改变行走的方向,踝关节处增加一个旋转自由度可以使脚板在不规则的表面着地,膝关节上的一个旋转自由度可以方便地上下台阶所以从功能上考虑,一个比较完善的腿部自由度配置是每条腿上应该具备 7 个自由度。图 8.24 为腿部的 7 个自由度的分配情况。

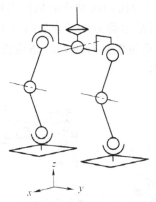

图 8.24　拟人机器人腿部的理想自由度

国内外几乎所有的拟人型步行机器人腿部都选择了 6 个自由度的方式,其分配方式为髋部 3 个自由度,膝关节 1 个自由度,踝关节 2 个自由度,如图 8.25 所示。在踝关节部位缺少了一个旋转自由度,这样当机器人在行走过程中需要转弯时,就需要先决定转过的角度,然后依靠大腿与上身连接处的旋转,并且需要更多的步数来完成行走转弯这个动作。

图 8.25　拟人机器人腿部 6 个自由度

8.3.1.2　拟人型仿生步行机器人实例

与其他足式机器人相比,拟人形步行机器人具有很高的灵活性,具有自身独特的优势,无疑更适合为人类的生活和工作服务,具有更为广阔的应用前景。图 8.26 所示为本田技研工业公司于 1997 年研制的步行机器人样机 P3,图 8.27 所示为 2001 年推出的样机阿西莫(Advanced Step Innovative Mobility,ASIMO),样机改型使其技术日臻完善,实现了小型轻量化,使其更容易适应人类的生活空间,同时通过提高双脚步行技术使其更接近于人类的步行方式。

图 8.26　步行机器人样机 P3

图 8.27　步行机器人样机阿西莫

阿西莫高 120cm,机器人的宽度和厚度也相应缩小,便于在人群中步行。通过降低身高不仅减轻了重量,同时通过重新设计骨骼结构以及采用锰骨架等大幅"减轻了重量"。它可以实时预测以后的动作,并且据此事先移动重心来改变步调。过去由于不能进行预测运动控制,当从直行改为转弯时,必须先停止直行动作后才可以转弯。ASIMO 通过事先预测"下面转弯以后重心向外侧倾斜多少"等重心变化,可以使得从直行改为转弯时的步行动作变得连续流畅。此外,由于能够生成步行方式。因此,可以改变步行速度以及脚的落地位置和转弯角度。另外,还可以轻易地模仿螃蟹的行走模式、原地转弯以及具有节奏感的上下楼梯动作。当进一步配备语音以及视觉识别功能和提高自律性时,就可以成为在人类生活中发挥作用的机器人了。

我国在仿人形机器人方面也做了大量研究工作,国防科技大学研制成功我国第一台仿人型机器人——"先行者",实现了机器人技术的重大突破。"先行者"有人一样的身躯、头颅、眼睛、双臂和双足,有一定的语言功能,可以动态步行。图 8.28 为最新研制的一些拟人型机器人。

图 8.28 拟人型机器人

仿人形机器人是多门基础学科、多项高技术的集成,代表了机器人的尖端技术。因此,仿人形机器人是当代科技的研究热点之一。仿人形机器人不仅是一个国家高科技综合水平的重要标志,也在人类生产、生活中有着广泛的用途,不仅可以在有辐射、有粉尘、有毒等环境中代替人们作业,而且可以在康复医学上形成一种动力型假肢,协助截瘫病人实现行走的梦想。

8.3.1.3 足+轮式机器人

2017 年谷歌旗下波士顿动力公司最新发布一款名为 Handle 的机器人,如图 8.29 所示,外形看起来像赛格威(Segway)平衡车和两条腿的阿特拉斯(Atlas)机器人的结合。Handle 是一次车轮和腿的结合实验,Handle 的动态系统能够让它一直保持平衡,并且知道如何分配重量,保持重心稳定。

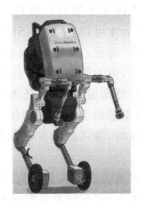

图 8.29 Handle 机器人

Handle 把轮滑技术发挥到了极致,它的跳跃与缓冲让人惊叹,纵跃1.2m;它搬运东西可以下楼梯,穿越雪地放到指定位置。

整个机器人由电池供能,驱动电动机和液压泵。无须外接设备,一次充电续航 24km。

8.3.2　多足步行仿生机器人

8.3.2.1　多足仿生步行机器人的机构

多足仿生一般是指四足、六足、八足的仿生步行机器人机构,常用的是六足仿生步行机器人。四足步行机器人在行走时,一般要保证三足着地,且其重心必须在三足着地的三角形平面内部才能使机体稳定,故行走速度较慢。在对速度要求不高的场合,也有应用。如海底行走的钻井平台则采用了四足行走机构。多足步行仿生就是指模仿具有四足以上的动物运动情况的设计问题。多足仿生步行机器人机构设计是系统设计基础。在进行多足步行机器人机构设计之前,对生物原型的观察与测量是设计的基础环节和必要环节。如通过对昆虫的运动进行观察与分析实验,一方面了解昆虫躯体的组成、各部分的结构形式以及腿部关节的结构参数;另一方面研究昆虫站立、行走姿态,确定昆虫在不同地形的步态、位姿以及侍姿时的受力状况。

通过对步行机器人足数与性能定型评价,同时也考虑到机械结构简单性和控制系统简单性,通过对蚂蚁、蟑螂等昆虫的观察分析,发现昆虫具有出色的行走能力和负载能力,因此六足步行机器人得到广泛应用,以保证高速稳定行走的能力和较大的负载能力。步行机器人腿的配置采用正向对称分布。四足仿生机器人如图8.30(a)所示,六足仿蟹步行机器人如图 8.30(b)所示。

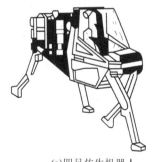
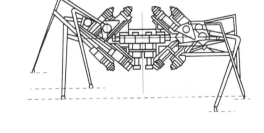

(a)四足仿生机器人　　　　　　　　　　(b)六足仿蟹步行机器人

图 8.30　多足步行机器人模型

六足步行机器人常见的步行方式是三角步态。三角步态中,六足机器人身体一侧的前足、后足与另一侧的中足共同组成支撑相或摆动相,处于同相三条腿的动作完全一致,即三条腿支撑,三条腿抬起换步。抬起的每个腿从躯体上看是开链结构,而同时着地的 3 条腿或 6 条腿与躯体构成并联多闭链多自由度机构。图 8.31 所示六足步行机器人中,在正常行走条件下,各支撑腿与地面接触存在摩擦不打滑,可以简化为点接触,相当于机构学中的 3 自由度球面副,再加上踝关节、膝关节及髋关节(各关节为单自由度,相当于转动副),每条腿都有 6 个单自由度运动副。

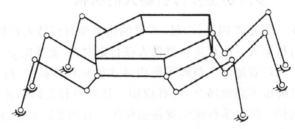

图 8.31　六足步行机器人

六足步行机器人的行走方式,从机构学角度看就是 3 分支并联机构、6 分支并联机构及串联开链机构之间不断变化的复合型机构。同时也说明,无论该步行机器人采取的步态及地面状况如何,躯体在一定范围内均可灵活地实现任意的位置和姿态。

8.3.2.2　多足步行仿生机器人实例

自 20 世纪 80 年代麻省理工学院研制出第一批可以像动物跑和跳的机器人开始,各国都积极进行多足仿生步行机器人的研究,模仿对象有蜘蛛、蟋蟀、蟹、蟑螂、蚂蚁等。目前,多足仿生步行机器人已出现于多个领域,特别是在军事侦察领域得到广泛应用。

2000 年,新西兰坎特伯雷大学研制出了六足步行机器人 Hamlet,如图 8.32 所示,机器人每条腿有 3 个转动关节,每个关节使用 10W 直流伺服电动机,通过减速比为 1∶246 的行星轮减速器输出双向 4.5N·

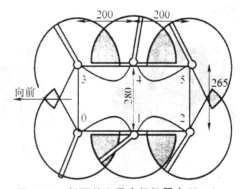

图 8.32　新西兰六足步行机器人 Hamlet

m 转矩,在第二和第三关节处,采用联轴器和锥齿轮使电动机与腿部轴线平行二每条腿足端都装有三维力传感器,通过传感器信号改变身体姿态;机器人总质量为 12.7kg。站立时高度为 400mm,能以 0.2mm/s 的平均速度在复杂地形中自主行走,并具有越障能力。

2001 年,德国国家信息科技研究中心研制了八足步行机器人蝎子

(Scorpion),此机器人可以完成全方位、平稳快速的行走,而且可以在行走时改变身体姿态和行走速度,目前已经成功地实现了沙地和多岩石不规则地面行走。

我国在步行机器人的研究与世界发达国家还存在一定差距,北京理工大学仿生机器人研究小组,在对各类昆虫进行观察实验的基础上,采用功能仿生和结构仿生的方式,研制出一种尺寸较小、机动灵活的六足仿生步行机器人:其仿生步行机器人整体外形尺寸为 $0.8m \times 0.6m \times 0.4m$,六足仿生步行机器人巡航前进速度为 $0.2m/s$,最高速度为 $0.3m/s$,可攀爬坡度为 45% 的斜坡,持续作业时间为 2h,仿生步行机器人自重 10kg,可携带有效载荷 3kg。它可实现仿生步行机器人在小扰动作业条件下的各种规定运动,如前进、转向、加速、攀爬、越障、停止等。

多足步行机器人在设计过程中,除去腿结构的设计之外,步态相位的设计也很重要。也就是说,动物在运动过程中,哪条腿先迈动,其次是哪条腿,最后是哪条腿,要把腿的运动次序和步幅大小弄清楚,当然还要弄清楚其重心随腿运动的摆动情况,这样的观察对仿生设计是非常必要的。

8.4　爬行与仿生机构的设计

8.4.1　仿生爬行机器人机构

爬行机构的特点是多自由度、多关节的协同动作。由于关节自由度多,动力学模型复杂,实现稳定的爬行运动比较困难,所以爬行仿生机构在工程中的应用很少。在长期的进化和生存竞争中,许多动物,如壁虎、蜘蛛、蛇等,具有了优异的在光滑或粗糙的各种表面上自如运动的能力,仿生爬行机器人正是希望能通过仿生设计使机器人获得这种能力。

爬行机器人可分为爬壁机器人和蛇形机器人。

8.4.1.1　爬壁机器人

爬壁机器人必须具有两个基本功能:壁面吸附功能和移动功能。由于每种吸附方式和移动机构都具有各自的优缺点,因此,爬壁机器人的设计要根据具体的作业要求来制订。

1.足—掌机构

为了使仿生爬行机器人具有近似于爬行动物的运动特性,爬壁机器人对足—掌机构都有特殊的要求。

爬壁机器人对足机构的要求可归纳为以下方面:

(1)足机构具有足够的刚性和承载能力。

(2)足机构具有足够大的工作空间。

(3)足机构足端的支承相直线位移便于控制。

在足机构的端点连接吸掌以后,对掌机构的要求有:

(1)掌的姿态可以调节控制,以便在地壁过渡行走时适应壁面法线方向。

(2)调节掌机构的驱动装置尽可能安装到机器人机体上。

(3)爬壁机器人在壁面上移动时,处于支撑相的掌与足端应没有限制转动的强迫约束。

图8.33所示是复合足—掌机构的结构。缩放式腿机构上的A、B两点的直线移动由两台主电动机(图中未示出)通过齿轮减速,经丝杠10、螺母11转换而成。与螺母11一体的滑块12的导向,由导柱9和直线轴承8完成。掌组件15的姿态调整由4处的另一台电动机(图中未示出)带动带轮14、同步带7和带轮2,使与带轮2固连的连杆1摆动,通过连杆16使掌组件15转动改变姿态。压带轮4和6与张紧轮5起到使齿形带张紧的作用。由于带轮2和14的直径相同,杆3的两端铰链点与齿形带的两个切点构成一平行四边形,它与掌组件上的另一个平行四边形一起,保证机器人在平地(或平壁)上运动时掌姿态的自行保持。

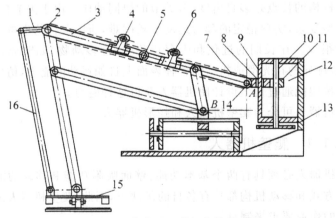

图8.33　复合足—掌机构结构略图

1—连杆;2、14—带轮;3—杆;4、6压带轮;5—张紧轮;7—同步带;8—直线轴承;
9—导柱;10—丝杠 11—螺母;12—滑块;13—机体;15—掌组件;16—连杆

2. 吸附机构

吸附机构由吸盘及真空发生器组成,吸盘安装在吸盘支承板上,如图 8.34 所示,吸盘支承板和柔性驱动器之间通过连杆和弹簧相连,而真空发生器的出气口连在吸盘上端的进气口。

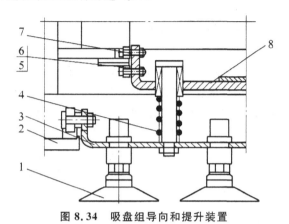

图 8.34 吸盘组导向和提升装置

1—吸盘;2—吸盘提升装置;3—支承板弹簧;4—弹簧;

5—导轮;6—链条连接板;7—连杆;8—吸盘支承板

在机器人的运动过程中,当 1 组吸盘完全接触工作表面到达吸附状态时,对应的电磁阀打开,与之相连的真空发生器工作产生真空,吸盘吸附在工作表面上;反之,随着机器人前进,当 1 组吸盘即将要离开平面时,对应的电磁阀关闭,则吸盘的吸附力逐渐降到零,可以脱离工作表面。设计时,任何时刻都至少要保证有 3 个吸盘同时吸附在工作表面上,以产生足够的吸附力,防止机器人从墙壁上滑下或倾翻。

机器人在墙上或一定坡度的坡面上爬行时,吸附在工作平面上的吸盘连杆相当于一柔性悬臂梁,由于受重力作用会向下倾斜,这样,当下一组吸盘切入吸附状态时,吸盘连杆在工作面法线方向,将不能保证这组吸盘组与已经吸附的吸盘组相互平行的姿态,因此必须保证吸盘组在垂直于工作面进入吸附状态,并能够维持垂直(近似)姿态直到吸盘组脱离,因此需设计吸盘组导向装置,在框架两侧安装纵向的导向支承板(导轨),链条连接板的两端安装有三导轮,吸盘组的导轮进入导向支承板后,在导向支承板、链条及直线轴承的作用下,保证吸附状态的吸盘连杆在机器人爬行时能保持相互姿态。为了避免吸盘在前轮下方切入时卷褶漏气,设计了吸盘提升装置。在一吸盘组进入吸附状态前,吸盘支承板上的滚轮作用在提升轨道上,提升轨道将吸盘支承板连同吸盘相对于链条连接板提升一段距离,到达吸附位置时,在弹簧作用下将吸盘弹回,吸盘组进入吸附状态。

8.4.1.2　仿生蛇形机器人

仿生蛇形机器人又称机器蛇,具有结构合理、控制灵活、性能可靠、可扩展性强等优点,在许多领域有着广泛的应用前景,如在有辐射、有粉尘、有毒环境下及战场上执行侦察任务;在地震、塌方及火灾后的废墟中寻找伤员;在狭小和危险环境中探测和疏通管道。

图 8.35 为常见蛇形机器人示意图。机器蛇堪称是世界上第一种靠自己"肌肉"前进的蛇形机器人。它具有像真蛇一样有一条"脊椎骨",这条"脊椎骨"实际上就是一串模块化的"脊椎单元",它们像拼插玩具一样紧紧地咬合在一起。每个"脊椎单元"上有 3 条独立的"肌肉"。这些"肌肉"由镍钛合金金属丝制成。镍钛合金具有"形状记忆"的特殊本领:当有电流通过时,它的晶体结构会收缩,断电后又能恢复到以前的形状。机器蛇通过内置的程序控制通过不同金属丝电流的开关和强弱,从而操纵每条"肌肉"活动的方向与力量,指挥"机器蛇"向预定目标前进。

(a)　　　　　　　　　　　　　(b)

图 8.35　蛇形机器人

8.4.2　爬行仿生机器人实例

图 8.36 所示为 Strider 爬壁机器人,具有 4 个自由度。结构上由左右两足、两腿、腰部和 4 个转动关节组成,其中 3 个关节 J1、J3 和 J4 在空间上平行放置,可实现抬腿跨步动作,完成直线行走和交叉面跨越功能。

Strider 的每条腿各有一个电动机,通过微型电磁铁来实现两个关节运动的转换。每个电动机独立控制两个旋转关节,关节间的运动切换通过一个电磁铁来完成。

从图 8.36 中可以看出,Strider 的左腿电动机通过锥齿轮传动分别实现腿绕关节 J1 或 J2 旋转,完成抬左脚或平面旋转动作。Strider 的右腿电

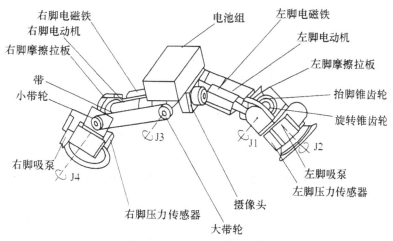

右脚电磁铁　右脚电动机　右脚摩擦拉板　带　小带轮　右脚吸泵　右脚压力传感器　电池组　J3　摄像头　J4　大带轮　左脚电磁铁　左脚电动机　左脚摩擦拉板　抬脚锥齿轮　旋转锥齿轮　J1　J2　左脚吸泵　左脚压力传感器

图 8.36　Strider 机构示意图

动机通过带传动分别实现腿绕关节 J3 或 J4 旋转,完成抬右脚或跨步动作。以左脚为例,通过电磁铁控制摩擦片离合,实现摩擦片与抬脚制动板或腿支侧板贴合,控制抬脚锥齿轮的转动与停止,完成左腿两种运动的切换。抬脚锥齿轮转动则驱动关节 J2,否则驱动 J1 旋转。该机构左右脚结构对称,运动原理相似,不同之处在于左脚 J1 和 J2 关节通过锥齿轮连接,而右脚的 J3 和 J4 关节通过带轮连接。

Strider 的两足分别由吸盘、气路、电磁阀、压力传感器和微型真空泵组成,通过微型真空泵为吸盘提供吸力,利用压力传感器检测 Strider 单足吸附时的压力,以保证爬壁机器人可靠吸附。利用电磁阀控制气路的切换,实现吸盘的吸附与释放。每个吸盘端面上沿移动方向前后各装了一个接触传感器,用于调整足部吸盘的姿态,以保证与壁面的平行。

蛇形机器人是一种新型的仿生机器人,与传统的轮式或两足步行式机器人不同的是,它实现了像蛇一样的"无肢运动",是机器人运动方式的一个突破,因而被国际机器人业界称为"最富于现实感的机器人"。

2001 年,我国研制成功第一台蛇形机器人,如图 8.37 所示。这条长1.2m、直径 0.06m、重 1.8kg 的机器蛇,能像生物蛇一样扭动身躯,在地上或草丛中蜿蜒运动,可前进、后退、拐弯和加速,其最大运动速度可达 20m/min。头部是机器蛇的控制中心,安装有视频监视器,在其运动过程中可将前方景象传输到后方计算机中,科研人员则可根据同步传输的图像观察运动前方的情景,向机器蛇发出各种遥控指令。当这条机器蛇披上"蛇皮"外衣后,还能像真蛇一样在水中游泳。

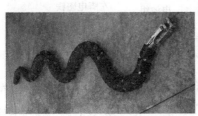

图 8.37 国防科技大学的蛇形机器人

8.5 飞行与仿生机构的设计

最近几年,在昆虫空气动力学和电子机械技术快速发展的基础上,各国纷纷开始研究拍翅飞行的仿生飞行机器人,仿苍蝇和蚊子的微型机器人已经问世,使得仿生飞行机器人成为机器人研究活跃的前沿领域。

8.5.1 飞行仿生机器人的翅膀

8.5.1.1 以静电致动方式的仿生扑翼

1. 扑翼结构

飞行昆虫的特征如外部骨骼、弹性关节、变形胸腔以及伸缩肌肉等为我们设计微型飞行器提供了借鉴思路。

图 8.38 所示为昆虫胸腔的横截面。通过肌肉的收缩与伸长使得胸腔发生变形,从而带动两侧的翅膀上下扑动,其中弹性胸腔机构的变形对产生无摩擦的高速扑翼运动起着重要的作用。大多数昆虫的扑翼运动由神经所产生的脉冲信号来控制,而一些小型昆虫(如苍蝇、蜜蜂等),扑翼频率要远高于神经的脉冲频率,这时候扑翼频率主要是由肌肉、弹性关节以及胸腔所组成的运动机构的自然频率决定。

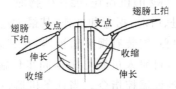

图 8.38 昆虫胸腔的横截面

对于尺寸在毫米级的微扑翼飞行器,其扑翼机构可以采用静电驱动、压电驱动以及电磁驱动等方式。与电磁能量转换相比,静电型换能机构由于能量密度低而很少实际应用。但是,随着尺寸的微小化,静电换能显示出其优越性。

2.结构设计

微扑翼驱动机构采用静电致动方式,整个驱动机构的形式仿照昆虫的胸腔式结构,其结构如图 8.39 所示。系统的主体由上下平行的两块极板组成,其中一块固定在基体上,另一块可移动板与两边的连杆相连接,并通过连杆带动两边的翅膀上下扑动。整个机构没有轴承和转轴之类的运动部件,各支点和连接处(A、B、C 等处)均采用柔性铰链连接,柔性铰链可采用聚酰亚胺(polyimide)树脂,用沉积、涂布等微加工方法实现,因为柔性铰链的弹性模量很小,加上适当的结构设计,可以保证它只具有很小的运动阻力。当在上下极板间加上交变电压时,机翼就会在交变电场的作用下上下扑动。令激励电压的频率等于驱动机构的自然频率。此时驱动机构会有更大的扑翼幅值,当给极板两边加以不同的电压时,两边的机翼就会产生不同的扑翼幅值,因而引起两边的升力及推力大小不同,使得整个飞行器转向。

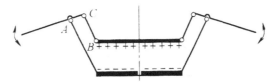

图 8.39　两自由度胸腔式扑翼驱动机构

8.5.1.2　以分解简化扑翼复杂运动方式的仿生扑翼

1.仿生扑翼机构

仿生飞行机器人以模仿昆虫拍翅运动为主,因此研究和理解昆虫飞行的运动机理和空气动力学特性,是进行仿生飞行机器人研究的重要基础。昆虫的种类很多,扑翼形式复杂多样。在研究中,将昆虫复杂的扑翼运动分解为平扇与翻转两个基本动作,如图 8.40 所示,平扇运动改变翅膀的扇翅角 φ,翻转运动改变翅膀的翅攻角 α,这两个动作的协调运动可以实现昆虫的自由飞行。以果蝇为例,它在悬停飞行时 φ 可达到 $180°$,在平扇过程中翅膀保持匀速,并使 α 为 $450°\sim500°$,可以获得较大升力。

由于翅膀处于高频振动状态,为了减小惯性力影响,同时为了最终应用于扑翼式微型飞行器,运动件的重量应尽可能小,两个转动之间应存在尽量小的质量耦合,而且机构的复杂程度也受到限制。

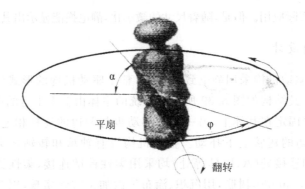

图 8.40　扑翼机构分析

2. 仿生扑翼机构设计

　　仿生扑翼机构的设计主要分为两部分,首先是两组曲柄摇杆机构将曲柄输入的旋转运动转换为两个摇杆的摆动运动输出,如图 8.41 所示。

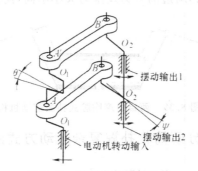

图 8.41　并联曲柄摇杆机构

　　这两组曲柄摇杆机构的尺寸参数均相同,只是曲柄 O_1A 与曲柄 O_2A' 存在一固定的相位差 θ,所以两个摇杆的摆动输出并不同步,角度 ψ 在不同转角位置时会有不同的取值。电动机旋转时,摇杆 O_2B' 会先到达摇杆运动空间的极限位置。随后摇杆 O_2B 才到达与其相对应的极限位置,在这一过程中,ψ 会逐渐减小到零,然后又会反方向逐渐增大,利用这一特性将两个摆动输出再传递到下面的差动轮系。

　　差动轮系原理如图 8.42 所示,当两个摆动输入角 ψ 不变时,行星轮随着行星轮支架绕轴 O_3 转动,自身不转动;当两个摆动输入的 ψ 变化或者反向运动时,行星轮会绕自身轴线 O_4 转动。

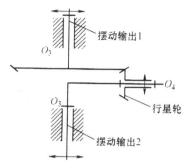

图 8.42　差动轮系原理

因此,将翅膀固定在行星轮上,当曲柄连续转动,两个摇杆摆动输出的 ψ 近似不变时,翅膀保持 α 不变而做平扇运动;当两个摇杆在极限位置处反向运动时,翅膀则完成反扇转换过程中的翻转运动。于是,通过设计不同的扑翼机构参数就可以实现不同 ψ 及 α 的扑翼形式。

8.5.2　飞行仿生机器人实例(拍翅微飞行器)

加利福尼亚技术研究所与美国加州大学洛杉矶分校等共同进行了拍翅微飞行器(MAV)的研究。该系统总重 6.5g,由电动机、传动系统、动力源、MEMS 翅膀、碳纤维机身和尾部稳定器等组成,头部装有可视成像仪,采用微麦克风阵列识别声音方向,该系统不包含通信系统。在高质量的、体积为 $30cm \times 30cm \times 60cm$ 和风速为 $1 \sim 10m/s$ 的风洞中进行飞行实验时,以电容为动力源的拍翅微飞行器,拍打频率为 32Hz,飞行速度可达 250m/min,最长自由飞行时间可达 9s,但拍打时间不到 1min,就需给电容充电,而以 NiCdN-50 电池作为动力源,并增加了 DC-DC 转换器的拍翅微飞行器,在自由飞行实验时,最长自由飞行时间为 18s。

日本东京大学很早开始昆虫飞行机理和微飞行机器人的研究。他们以计算流体和实验流体为主,通过理论和实验研究对翅膀的运动机理有了初步认识,并以蚊子为基础,进行不同翅膀结构的微飞行装置研究,研制成了由静电驱动的微拍翅机构,如图 8.43 所示。

在板和基底(硅片)之间加上电压,板向基底运动,这时多晶硅翅膀就产生弯曲。当电压变化的频率与机械振动频率一致时,产生共振,振动幅度加大。

设计和制造具有非定常空气动力学特性的高效仿昆翅,翅膀必须轻而坚固,在高频振动下不会断裂,并且能为整个仿生飞行机器人提供足够的升力和推进力。

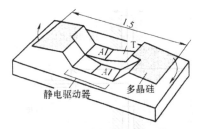

图 8.43　拍翅微飞行机构

8.6　游动与仿生机构的设计

这里主要对游动仿生机器人进行介绍。

8.6.1　游动仿生机器人机构原理

在对鱼类推进机理的研究中发现,鱼类在其自身的神经信号控制下,可以指挥其体内的推进肌产生收缩动作,使身体波状摆动,从而实现其在水中的自由游动。根据鱼类推进运动的特征,可以划分为两种基本推进模式:身体波动式[图 8.44(a)]和尾鳍摆动式[图 8.44(b)]。

在波动式推进中,鱼类游动时几乎整个身体都参与了大振幅的波动。由于在整个身体长度上至少提供了一个完整的波长,所以使横向力相抵消,使横向的运动趋势降低到最小。与尾鳍摆动式推进方式比较而言,身体波动式推进效率较低,主要适用于狭缝中的穿行。

尾鳍摆动式推进方式是效率最高的推进模式,海洋中游动速度最快的鱼类都采用尾鳍摆动式推进模式。在运动过程中尾鳍摆动,而身体仅有小的摆动或波动,甚至保持很大的刚性。

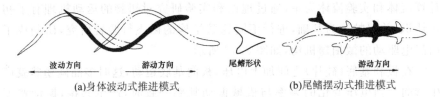

(a)身体波动式推进模式　　　　　　(b)尾鳍摆动式推进模式

图 8.44　鱼类的推进模式

仿生机器鱼就是参照鱼类游动的推进机理,利用机械、电子元器件或智能材料来实现水下推进功能的运动装置。

8.6.2　游动仿生机器人实例

8.6.2.1　仿生金枪鱼(RoboTuna)和仿生梭鱼(RoboPike)

美国麻省理工学院的 Triantfyllou 等人通过长时间观察鱼类的游动研究发现,在自行驱动的鱼类体后部有射流形成,这些喷射的涡流产生推力从而使得鱼儿游动。根据"射流推进理论",1994 年成功研制了世界上真正意义上的游动仿生机器人——仿生金枪鱼(RoboTuna)和仿生梭鱼(RoboPike)。

RoboTuna 是一条长约 4ft(1ft=0.3048m)、由 2843 个零件组成的、具有高级推进系统的金枪鱼。它模仿蓝鳍金枪鱼而制造,如图 8.45 所示。

图 8.45　机器鱼 RoboTuna

RoboTuna 具有关节式铝合金脊柱、真空聚苯乙烯肋骨、网状泡沫组织,并用聚氨基甲酸酯弹性纤维纱表皮包裹,它装有多台 2 马力(1 马力=735.499W)的无刷直流伺服电动机、轴承及电路等。RoboTuna 在多处理器控制下,通过摆动躯体和尾巴,能像真鱼一样游动,速度可达 7.2km/h(4节),RoboTuna 的摆动式尾巴有助于机器鱼的驱动,推进效率达 91%。

麻省理工学院的仿生梭鱼 RoboPike 如图 8.46 所示,由玻璃纤维制成,上面覆一层钢丝网,最外面是一层合成弹力纤维,尾部由弹簧状的锥形玻璃纤维线圈制成,使机器梭鱼既坚固又灵活。

图 8.46　机器鱼 RoboPike

仿生梭鱼 RoboPike 的硬件系统包括:头部、胸鳍、尾鳍、背鳍、主体伺服系统、胸鳍伺服系统、尾部和尾鳍伺服系统以及电池等。采用一台伺服电动机为其提供动力,来驱动各关节以实现躯体摆动。

仿生梭鱼 RoboPike 的研制成功,揭示了鱼类为什么比我们想像的游得要快的原因,因为鱼类看上去不具备使其游的那样快的肌肉力量,同时证明其具有良好的在静止状态下的转向和加速能力。

8.6.2.2 仿生黑色鲈鱼机器鱼

日本 N.Kato 等人根据黑色鲈鱼的胸鳍动作原理,从水下运动装置的机动性能出发,分析了胸鳍动作状态与游动姿态的关系。N.Kato 分析发现了鱼在水平面以及垂直平面上的盘旋及转向运动与鱼的胸鳍动作之间的关系,鱼在前进、后退运动等情况下的胸鳍的动作,于 1996 年研制了实验样机,该样机用 PC 机来控制以实现类似于鱼类的运动。

8.6.2.3 仿生水下机器人"仿生-Ⅰ"号

2003 年,国内哈尔滨工程大学设计了仿生水下机器人"仿生-Ⅰ"号。"仿生-Ⅰ"号的外形和游动方式仿制蓝鳍金枪鱼,在水池试验中的最大摆动频率为 13Hz。通过调整尾鳍的摆动,"仿生-Ⅰ"号具有纵向速度和转向控制能力。

仿生水下机器人"仿生-Ⅰ"号,长 2.4m,最大直径 0.62m,负载能力 70kg,潜深 10m,配有月牙形尾鳍和一对联动胸鳍。尾部为具有 3 个节点的摆动机构,约占总长的 1/3,采用蜗杆传动,其中前两个节点通过齿轮联动,控制尾柄的摆动,并通过包裹在外面的蒙皮形成整个鱼体的流线型,最后一个结点则用来控制尾鳍的运动。该结构所产生的运动与金枪鱼的游动方式相适应。

机器人采用大展弦比的月牙形尾鳍,通过尾鳍的摆动提供前进的动力和转向的力矩;胸鳍则可以控制机器人的深度,尾鳍和胸鳍均采用 NACA0018 翼型。躯体中部的背鳍和胸鳍可起到减摇作用。该机器人在加装光纤陀螺、深度计和定位系统后,可实现转向、深度和速度的闭环控制。为防止电动机反向对尾部传动机构冲击过大,设定电动机不能反向,因此尾鳍在一个摆动周期内一定会摆动到两个极限位置。

8.6.2.4 "SPC-Ⅱ"型仿生机器鱼

2004 年 12 月,北航机器人研究所和中国科学院自动化研究所成功地研制出了"SPC-Ⅱ"型仿生机器鱼,如图 8.47 所示。

图 8.47　"SPC-Ⅱ"型仿生机器鱼

　　这条机器鱼主要由动力推进系统、图像采集和图像信号无线传输系统、计算机指挥控制平台 3 部分组成,计算机编制的程序经过信号放大器来控制 6 个步进电动机,6 个步进电动机又分别与遥控器发射机的 6 个控制电位器相连,来控制发射机的信号发射,两个接收机则安置在鱼的头部。机器鱼同时装有卫星定位系统,如果启动该系统,机器鱼还可以自行按设定航线行进。机器鱼的壳体仿照鲨鱼的外形,主要制造材料为玻璃钢和纤维板。这条鱼体长 1.23m,总重 40kg,最大下潜深度为 5m,体表是复合材料,它的最高速度可达 1.5m/s,能够在水下连续工作 2～3h。

　　这种具有我国自主知识产权的仿生水下机器鱼,稳定性强,行动灵活,自动导航控制,在水下考古、摄影、测绘、养殖、捕捞,以及水下小型运载等方面,具有广泛的应用前景。图 8.48 所示为仿生机械鱼的后剖视图,尾鳍、背鳍和胸鳍均可以摆动。

图 8.48　仿生机械鱼

第9章 基于 TRIZ 理论的创新设计

相对于传统的创新方法，比如试错法、头脑风暴法等，TRIZ 具有鲜明的特点和优势。实践证明，运用 TRIZ，可大大加快人们创造发明的进程，帮助我们系统地分析问题，突破思维障碍，快速发现问题本质或矛盾，确定问题探索方向。

9.1 TRIZ 理论概述

9.1.1 利用 TRIZ 解决问题的过程

TRIZ 是基于知识的、面向人的解决发明问题的系统化方法学，其核心是技术系统进化原理，该理论的主要来源及构成如图 9.1 所示。

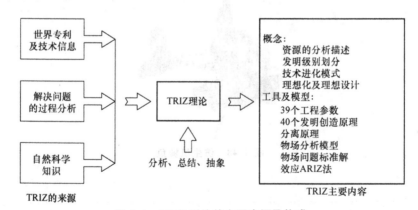

图 9.1 TRIZ 理论的主要来源及构成

TRIZ 方法论的主要思想是，对于一个具体问题，无法直接找到对应解，那么，先将此问题转换并表达为一个 TRIZ 的问题，然后利用 TRIZ 体系中的理论和工具方法获得 TRIZ 的通用解，最后将 TRIZ 通用解转化为具体问题的解，并在实际问题中加以实现，最终获得问题的解决。

应用 TRIZ 解决问题的一般流程如图 9.2 所示。首先要对一个实际问题进行仔细的分析并加以定义;然后根据 TRIZ 提供的方法,将所需解决的实际问题归纳为一个类似的 TRIZ 标准问题模型;接着,针对不同的标准解决方案模型,应用 TRIZ 已总结、归纳出的类似标准解决方法,找到对应的 TRIZ 标准解决方案模型;最后,将这些类似的解决方案模型,应用到具体的问题之中,演绎得到问题的最终解决方法。

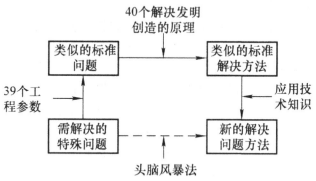

图 9.2 TRIZ 解决发明创造问题的一般方法

那么,如何将一个具体的问题转化并表达为一个 TRIZ 问题呢? TRIZ 的重要方法就是使用通用工程参数将各种矛盾进行标准化归类,用通用工程参数来进行问题的表述,通用工程参数是连接具体问题与 TRIZ 的桥梁。

例如,需要设计一台旋转式切削机器。该机器要求具备低转速(100r/min)、高动力的电动机,以取代一般高转速(3600r/min)的交流电动机。具体分析解决该问题的框图如图 9.3 所示。

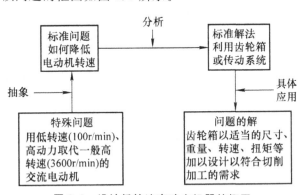

图 9.3 设计低转速高动力机器的框图

9.1.2　TRIZ 理论的应用

应用 TRIZ 创造原理进行机械创新设计时,可以参考图 9.4 所示的基本进程模式。设计者首先对需要设计的"特定问题"进行分析,重点是发现设计中的技术冲突或物理冲突,通过检查核对发明创造原理表将特定问题转化为"通用发明创造问题",在了解通用问题的通用解法过程中进行类比、移植和借鉴,在结合参考各种已有专业知识和新技术的基础上,构思特定问题的创造性解决方法,经过技术可行性评价后,确定最终的特定解。对于复杂问题,仅仅应用一条发明创造原理是不够的,可能需要综合应用多条原理。值得指出的是,检查核对发明创造原理的作用不是去"套"用解法,而是借鉴原理的启示使原系统向着改进或创新的方向发展。在这一发展过程中,对问题的深入思考、创造性和经验都是需要的。假如所检查核对的发明创造原理都不满足要求,则可以对冲突进行重新定义并求解。

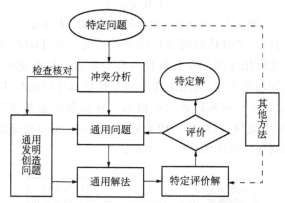

图 9.4　TRIZ 创造原理的基本进程模式

例如,新型扳手的设计。在实际应用中,标准的六角螺母常常会因为拧紧时用力过大或者使用时间过长,螺母外缘的六棱柱在扳手作用下被破坏。螺母外形被破坏后,使用传统的扳手往往无法作用于螺母。在这种情况下,需要一种新型的扳手来解决这一问题。

1. 冲突分析

针对特定的新型扳手设计问题,首先需要进行冲突分析。传统扳手之所以会损坏螺母,其主要原因是扳手作用在螺母上的力主要集中于六角螺母的某两个角上(图 9.5)。若想通过改变扳手形状来降低扳手对螺母的损坏程度,就可能会使扳手的结构变得复杂,制造工艺性下降。因此,新型扳手设计存在"降低损坏程度"与"增加制造复杂程度"的技术冲突。解决这一冲突是新型扳手设计的关键。

图 9.5　传统扳手

2. 利用发明创造原理求解

改变扳手形状是设计新型扳手的基本思路,但这种改变应当与解决技术冲突同时思考。求解时可以将特定问题转化为与形状相关的通用问题,并参考其通用解法。

如通过检核发明创造原理表,发现其中的"不对称""曲面化"以及"减小有害作用"等原理可供参考,借鉴它们的通用解法并进行创新思考,可获得以下新思路:

(1)根据"不对称"原理,将传统扳手的对称钳口结构改为不对称结构。

(2)根据"曲面化"原理,将传统扳手上、下钳夹的两个平面改为曲面。

(3)根据"减小有害作用"原理,去除在扳手工作过程中对螺母有损坏的部位。

3. 最终解决方案

最终解决方案如图 9.6 所示。该设计可解决使用传统扳手时遇到的问题。当使用新型扳手时,螺母六棱柱的其中两个侧面刚好与扳手上、下钳夹的突起相接触,使得扳手可以将力作用在螺母的对应表面上。而六棱柱表面与扳手接触的棱边则刚好位于扳手的凹槽中,因而不会有力作用于其上,螺母不至于被损坏。

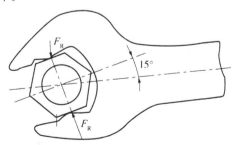

图 9.6　新型扳手

9.2 设计中的冲突及其解决原理

阿奇苏勒对大量的专利进行了研究、阐述和总结,提炼出了 TRIZ 中最重要的、具有广泛用途的 40 条技术冲突的解决原理,实践证明,这些原理对于指导设计人员的发明创造具有重要的作用。下面介绍 40 条技术冲突的解决原理与工程实例,大部分创新原理包括几种具体的方法,见表 9-1。

表 9-1　发明创造原理

序号	名称	原理说明	原理应用示例
1	分割	①把一个物体分成相互独立的部分; ②把物体分成容易组装和拆卸的部分; ③提高物体的可分性	组合音响,组合式家具,模块化计算机组件,可折叠木尺,活动的百叶窗帘;花园里浇水水管可以接起来以增加长度;为不同材料的再回收设置不同的回收箱
2	提炼	①从物体中提炼产生负面影响(即干扰)的部分或属性 ②从物体中提炼必要的部分或属性	为了在机场驱鸟,使用录音机来放鸟的叫声;避雷针;用光纤分离主光源,增加照明点
3	改变局部	①将均匀的物体结构、外部环境或作用改变为不均匀; ②让物体不同的部分承担不同的功能; ③使物体的每个部分处于各自动作的最佳位置	将恒定的系统温度、湿度等改为变化的;带橡皮头的铅笔;瑞士军刀;多格餐盒;带起钉器的榔头
4	不对称	①将对称物体变成不对称; ②已经是不对称的物体,增强其不对称的程度	电源插头的接地线与其他线的几何形状不同;为改善密封性,将 O 形密封圈的截面由圆形改为椭圆形;为抵抗外来冲击,使轮胎一侧强度大于另一侧
5	组合	①在空间上将相同或相近的物体或操作加以组合; ②在时间上将相同的物件或操作合并	并行计算机多个 CPU;冷热水混水器
6	多用性	使物体具有复合功能以替代其他物体的功能	工具车的后排座可以坐,靠背放倒后可以躺,折叠起来可以装货

续表

序号	名称	原理说明	原理应用示例
7	嵌套	①把一个物体嵌入第二个物体,然后将这两个物体再嵌入第三个物体;②让一个物体穿过另一个物体的空腔	椅子可以一个个折叠起来以利于存放;活动铅笔里存放笔芯;伸缩式天线
8	重量补偿	①把一个物体与另一能提供上升力的物体组合,以补偿其重量;②通过与环境的相互作用(利用空气动力、流体动力、浮力等)实现重量补偿	用氢气球悬挂广告条幅;赛车上增加后翼以增大车辆的贴地力;船舶在水中的浮力
9	预先反作用	①预先施加反作用力,用来消除不利影响;②如果一个物体处于或将处于受拉伸状态,预先施加压力	给树木刷渗透漆以阻止腐烂;预应力混凝土;预应力轴
10	预选作用	①预置必要的动作、功能;②把物体预先放置在一个合适的位置,以让其能及时地发挥作用而不浪费时间	不干胶粘贴;建筑通道里安置的灭火器;机床上使用的莫氏锥柄,方便安装和拆卸
11	预防	采用预先准备好的应急措施补偿系统,以提高其可能性	商品上加上磁条来防盗;备用降落伞;汽车安全气囊
12	等势	在势场内避免位置的改变,如在重力场内,改变物体的工况,减少物体上升或下降的需要	汽车维修工人利用维护槽更换机油,可免用起重设备
13	逆向作用	①使原来相反的动作达到相同的目的;②让物体可动部分不动,而让不动部分可动;③让物体(或过程)倒过来	采用冷却层而不是加热外层的方法使嵌套的两个物体分开;跑步机;研磨工件时振动工件
14	曲面化	①用曲线或曲面替换直线或平面,用球体替代立方体;②使用圆柱体、球体或螺旋体;③利用离心力,用旋转运动来代替直线运动	用表面之间的圆角;计算机鼠标用一个球体来传输 x 和 y 两个轴方向的运动;洗衣机甩干

序号	名称	原理说明	原理应用示例
15	动态化	①在物体变化的每个阶段,让物体或环境自动调整到最佳状态; ②把物体的结构分成既可变化又可相互配合的若干组成部分; ③使不动的物体可动或自适应	记忆合金;可以灵活转动灯头的手电筒;折叠椅;可弯曲的吸管
16	近似化	如果效果不能100%达到,稍微超过或小于预期效果会使问题简化	要让金属粉末均匀地充满一个容器,可将一系列漏斗排列在一起以达到金属粉末均匀的效果
17	多维化	①将一维变为多维; ②将单层变为多层; ③将物体倾斜或侧向放置; ④利用给定表面的反面	螺旋楼梯;多碟 CD 机;自动卸载车斗;电路板双面安装电子器件
18	机械振动	①使物体振动; ②提高振动频率,甚至达到超声区; ③利用共振现象; ④用压电振动代替机械振动 ⑤超声振动和电磁场耦合	透过振动铸模来提高填充效果和零件质量;超声波清洗;超声"刀"代替手术刀;石英钟;振动传输带
19	周期性作用	①变持续性作用为周期性(脉冲)作用; ②如果作用已经是周期性的,可改变其频率; ③在脉冲中嵌套其他作用以达到其他效果	冲击钻;用冲击扳手拧松一个锈蚀的螺母时,要用脉冲力而不是持续力;脉冲闪烁报警灯比其他方式效果更佳
20	利用有效作用	①对一个物体所有部分施加持续有效的作用; ②消除空闲或间歇性作用	带有切削刃的钻头随意进行正反向的切削;打印机打印头在来回运动时都打印
21	减小有效作用	采取特殊措施,减小有害作用	在切断管壁很薄的塑料管时,为防止塑料管变形就要使用极高速运动的切割刀具,在塑料管未变形之前完成切割
22	变害为利	①利用有害因素,得到有利的结果; ②将有害因素相结合,消除有害结果; ③增大有害因素的幅度直至有害性消失	废物回收利用;用高频电流加热金属时,只有外层金属被加热,可用作表面热处理;风力灭火机

序号	名称	原理说明	原理应用示例
23	反馈	①引入反馈； ②若已有反馈，改变其大小或作用	闭环自动控制系统；改变系统的灵敏度
24	中介物	①使用中介物实现所需动作； ②临时将物体和一个易去除的物体结合	机加工钻头定位的导套；在化学反应中加入催化剂
25	自服务	①使物体具有自补充和自恢复的功能； ②利用废弃物和剩余能量	电焊枪使用时的焊条自动进给； 利用发电厂废弃蒸汽取暖
26	复制	①使用简单、廉价的复制品来代替复杂、昂贵、易损、不易获得的物体； ②用图像替换物体，并可进行放大和缩小； ③用红外光或紫外光替换可见光	模拟汽车、飞机驾驶训练装置；测量高的物体时，可以用测量其影子的方法；红外夜视仪
27	廉价替代	用廉价、可丢弃的物体替换昂贵的物体	一次性餐具；一次性打火机
28	替代机械系统	①用声学、光学、嗅觉系统替换机械系统； ②使用与物体作用的电场、磁场或电磁场； ③用动态场替代静态场，用确定场替代随机场 ④利用铁磁粒子和作用场	机、光、电一体化系统；电磁门禁；磁流体
29	用气体或液体	用气体或液体替换物体的固体部分	在运输易碎产品时，使用充气泡沫材料；车辆液压悬挂
30	柔性壳体或薄片	①用柔性壳体或薄片替代传统结构； ②用柔性壳体或薄片把物体从其环境中隔离开	为防止水从植物的叶片上蒸发，喷涂聚乙烯材料在叶片上，凝固后在叶片上形成一层保护膜
31	多孔材料	①使物体多孔或加入多孔物体； ②利用物体的多孔结构引入有用的物质和功能	在物体上钻孔减小质量；海绵吸水

序号	名称	原理说明	原理应用示例
32	改变颜色	①改变物体或其环境的颜色; ②改变物体或其环境的透明度和可视性; ③在难以看清的物体中使用有色添加剂或发光物质; ④通过辐射加热改变物体的热辐射性	透明绷带可以不打开绷带而检查伤口;变色眼镜;医学造影检查;太阳能收集装置
33	同质性	主要物体及与其相互作用的物体使用相同或相近的材料	使用化学特性相近的材料防止腐蚀
34	抛弃与修复	①采用溶解、蒸发、抛弃等手段废弃已完成功能的物体,或在过程中使之变化; ②在工作过程中迅速补充消耗掉的部分	子弹弹壳;火箭助推器;可溶药物胶囊;自动铅笔
35	改变参数	①改变物体的物理状态; ②改变物体的浓度、黏度; ③改变物体的柔性; ④改变物体的温度或体积等参数	制作酒心巧克力;液体肥皂和固体肥皂;连接脆性材料的螺钉需要弹性垫圈
36	相变	利用物体相变时产生的效应	使用把水凝固成冰的方法爆破
37	热膨胀	①使用热膨胀和热收缩材料; ②组合使用不同热膨胀系数的材料	装配过盈配合的孔隙;热敏开关
38	加速氧化	①用压缩空气替换普通空气; ②用纯氧替换压缩空气; ③将空气和氧气用电离辐射进行处理; ④使用臭氧	潜水用压缩空气;利用氧气取代空气送入喷火器内,以获取更多热量
39	惯性环境	①用惯性环境替换普通环境; ②在物体中添加惰性或中性添加剂; ③使用真空	为防止棉花在仓库中着火,向仓库中充入惰性气体
40	复合材料	用复合材料替换单一材料	军用飞机机翼使用塑料和碳纤维形成的复合材料

9.3　利用技术进化模式实现创新

人类对产品的质量、数量以及实现形式的不断变化的需求,迫使企业不得不根据市场需求变化及实现的可能,增加产品的辅助功能、改变其实现形式,快速而有效地开发新产品,这是企业在竞争中取胜的重要武器,因此产品处于进化之中。企业在新产品开发决策过程中,要预测当前产品的技术水平及新一代产品可能的进化方向,TRIZ 的技术系统进化理论为此提供了强有力的工具。

9.3.1　产品的进化分析

S 曲线也可以认为是一条产品技术成熟度预测曲线。图 9.7(a)所示为一条典型的 S 曲线,为了便于说明问题,常将其简化为图 9.7(b)所示的分段 S 曲线。S 曲线描述了一个技术系统的完整生命周期,图中的横坐标代表时间,纵坐标代表技术系统的某个重要的性能参数。

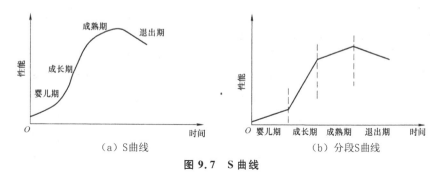

（a）S曲线　　　　　　　　　（b）分段S曲线

图 9.7　S 曲线

9.3.1.1　婴儿期

一个新的系统成立需要具备两个条件,一是有新的需要,二是这个需求是有意义的。新的技术系统一定会以一个更高水平的发明结果来呈现。一个系统一旦成立就能提供新的功能,但是处于诞生期的系统,由于刚成立,可能还有一些问题急需解决,所以该处于该阶段的系统可靠性以及工作效率可能都达不到预期的要求。这个阶段,人们无法根据现有情况预估系统未来会达到什么程度,所以投资风险比较大。此阶段的技术系统要想在人力以及物力上获得大量投入是非常困难的。

TRIZ 从性能参数、专利级别、专利数量、经济收益四个方面来描述技术系统在各个阶段所表现出来的特点。要想判断一个产品或者行业处于哪个阶段，只需要把该阶段的所呈现的特征与具体情况与 TRIZ 对照即可。处于诞生期的系统表现出来的特征就是：性能的完善速度特别慢，产生的专利级别高但是数量少，经济收益少。

9.3.1.2　成长期

技术系统进入发展期之后，系统中存在的问题就会逐步被解决，这样系统的工作效率就会得到提升，产品的可靠性就会越来越好，系统的价值就会慢慢地显现出来，这时候如果想吸引大家的投资就会容易很多。大量的人力、物力、财力的投入会把技术系统推进高速度发展阶段。

处于成长期的技术系统表现出来的特征：系统性能得到急速提升，与婴儿期相比，产生的专利级别开始下降，但数量开始上升。由于系统各方面的性能以及产品的可靠性越来越好，产生的经济收益也就越来越多，会吸引大批的投资者，注入大量的资金，加快系统的完善速度。

9.3.1.3　成熟期

由于成长期会得到大量的资金的注入，系统会得到快速成长，进入下一个阶段——成熟期，这时系统的性能不会急速提升，已经趋近于完善，主要的工作就是进一步对系统进行改进，使其更加完善。

在成熟期，技术系统的性能水平会达到巅峰，这时候仍然会产生专利，但是专利的级别会比成长期的更低，还需要注意垃圾专利的产生，保证专利费用能得到最高程度的使用。在该阶段，产品已经进入大批量生产，随之就会产生巨大的财务收益，但是不要被收益冲昏头脑，需要保持清醒，因为系统马上就要进入下一个阶段——衰退期，这时候就需要进行布局，开发新产品，制定企业的发展战略，在本代产品不能满足用户的需求，慢慢地从市场退出时，是否有新的产品替代原有产品占领市场，否则，企业将要面临的就是：旧产品慢慢被淘汰，没有新的产品替代，业绩大幅度下滑，企业未来状况堪忧。

9.3.1.4　衰退期

成熟期之后系统就会进入衰退期。在此阶段，系统的性能从巅峰时刻慢慢下降，因为市场不会对该系统有新的需求，系统就不会有新的突破，性能参数、专利等级、专利数量、经济收益四方面均呈现快速的下降趋势。

当一个技术系统进化至完成上述四个阶段以后，必然会出现一个新的技术系统来替代它，如此不断地替代，就形成了 S 形曲线族。

9.3.2 技术系统进化模式

9.3.2.1 概述

多种历史数据分析表明：技术进化过程有其自身的规律与模式，是可以预测的。与西方传统预测理论的不同之处在于，通过对世界专利库的分析，TRIZ 研究人员发现并确认了技术从结构上的进化模式与进化路线。这些模式能引导设计人员尽快发现新的核心技术。充分理解以下 11 条进化模式（如图 9.8 所示），将会使今天设计明天的产品变为可能。

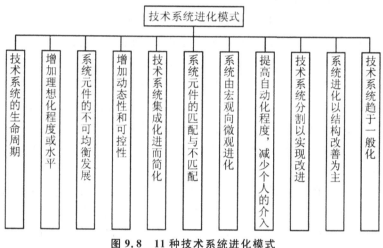

图 9.8 11 种技术系统进化模式

9.3.2.2 各种技术系统进化模式分析

1. 进化模式 1：技术系统的生命周期为出生、成长、成熟、退出

这种进化模式是最一般的进化模式，因为这种进化模式从一个宏观层次上描述了所有系统的进化。其中最常用的是 S 曲线，它用来描述系统性能随时间的变化。对于许多应用实例而言，S 曲线都有一个周期性的生命：出生、成长、成熟、退出。考虑到原有技术系统与新技术系统的交替，可用 6 个阶段描述：孕育期、出生期、幼年期、成长期、成熟期、退出期。所谓孕育期就是以产生一个系统概念为起点，以该概念已经足够成熟（外界条件已经具备）并可以向世人公布为终点的这个时间段，也就是说系统还没有出现，但是出现的重要条件已经发现。出生期标志着这种系统概念已经有了清晰明确的定义，而且还实现了某些功能。如果没有进一步的研究，这种初步的构想就不会有更进一步的发展,不会成为一个"成熟"的技术系统。理论上认为并行设计可以有效地减少发展所需的时间。最长的时间间隔就是产生系统概念与将系统概念转化为实际工程之间的时间段。研究组织可以花费 15 年或者 20 年(孕育期)的时间去研究一个系统概念直到真正的发展研究开始为止。一旦面向发展的研究开始,就会用到 S 曲线。

2.进化模式 2:增加理想化水平

每一种系统完成的功能在产生有用效应的同时都会不可避免地产生有害效应。系统改进的大致方向就是提高系统的理想化程度,可以通过系统改进来增大系统有用功能和减小系统有害功能。

理想化(度)=所有有用效应/所有有害效应

人们总是在努力提高系统的理想化水平,如同人们总是要创造和选择具有创新性的解决方案一样。一个理想的设计是在实际不存在的情况下,给人们提供需要的功能。应用常用资源而实现的简单设计就是一个一流的设计。理想等式说明应该正确识别每一个设计中的有用效应和有害效应。确定比值有一定的局限性,例如,很难量化人类为环境污染所付出的代价及环境污染对人体生命所造成的损害。同样的,多功能性和有用性之间的比值也是很难测量的。

例如,人们在使用熨斗熨衣服的时候,常常会陷入沉思,或者因为突然打进来的电话或者其他事情,而忘记把熨斗从正在熨烫的衣服上拿开,这样就会使正在熨烫的衣服出现一个大洞。这时,人们最希望的事情肯定就是,熨斗能自己立起来该多好啊!于是出现了"不倒翁熨斗",将熨斗的背部制成球形,并把熨斗的重心移至该处,经过这样改进后的熨斗在放开手后就能够自动直立起来。那么怎样才能有效地增加系统的理想化程度呢?可以采用以下几种方法(如图 9.9 所示)。

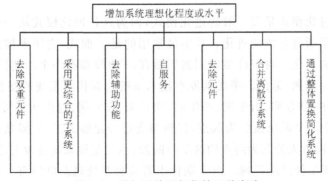

图 9.9　增加系统理想化的 7 种方法

3.进化模式 3：系统元件的不均衡发展导致冲突的出现

一个系统是由若干个元件以及子系统组成的。不但系统有自己的 S 曲线,系统的组成元件以及子系统同样也具有自身进化模式的 S 曲线。系统的每个组成元件达到自然极限所需的次数都是不同的,一个元件首先达到极限,也就是说明该元件的性能最先开始下降,这样该元件就对整个系统的发展起到了"抑制"作用,也就成为了系统中最薄弱的环节之一。要加快系统的改进速度就要对系统最薄弱的元件进行改进。技术系统进化过程中最常见的错误就是技术人员把注意力都集中在了非薄弱环节,如在飞机的发展过程中,人们总是把注意力集中在发动机的改进上,试图开发出更好的发动机,但发动机并不是最薄弱的环节,对飞机影响最大的是其空气动力学系统,因为设计人员弄错了方向,所以对提高飞机性能的作用影响不大。

4.进化模式 4：增加系统的动态性和可控性

在系统的进化过程中,技术系统总是通过增加动态性和可控性而不断地得到进化。也就是说,系统会增加本身的灵活性和可变性以适应不断变化的环境和满足多重需求。

增加系统动态性和可控性最困难的是如何找到问题的突破口。在最初的链条驱动自行车(单速)上,链条从脚蹬链轮传到后面的飞轮。链轮传动比的增加表明了自行车进化路线是从静态到动态的,从固定的到流动的或者从自由度为零到自由度无限大。如果能正确理解目前产品在进化路线上所处的位置,那么顺应顾客的需要,沿着进化路线进一步发展,就可以正确地指引未来的发展。因此通过调整后面链轮的内部传动比就可以实现自行车的三级变速。五级变速自行车前边有一个齿轮,后边有 5 个嵌套式齿轮。一个绳缆脱轨器可以实现后边 5 个齿轮之间相互位置的变换。可以预测,脱轨器也可以安装在前轮。更多的齿轮安装在前轮和后轮,例如,前轮有 3 个齿轮,后轮有 6 个齿轮,这就初步建立了 18 级变速自行车的大体框架。很明显,以后的自行车将会实现齿轮之间的自动切换,而且还能实现更多的传动比。理想的设计是实现无穷传动比,可以连续地变换,以适应任何一种地形。

这个设计过程开始是一个静态系统,逐渐向一个机械层次上的柔性系统进化,最终是一个微观层次上的柔性系统。

如何增加系统的动态性,如何增加系统本身的灵活性和可变性以适应不断变化的环境,满足多重需求,有以下 5 种方法可以帮助人们快速有效地增加系统的动态性(如图 9.10 所示)。

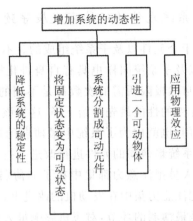

图 9.10　增加系统动态性的 5 种方法

图 9.11 所示的方法可以帮助人们更有效地增加系统的可控性。

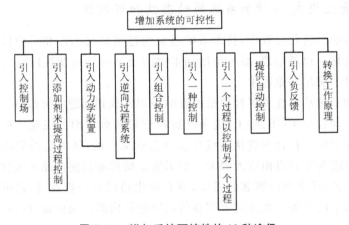

图 9.11　增加系统可控性的 10 种途径

5.进化模式 5:通过集成以增加系统的功能,然后再逐渐简化系统

技术系统总是首先趋向于结构复杂化(增加系统元件的数量,提高系统功能的特性),然后逐渐精简(可以用一个结构稍微简单的系统实现同样的功能或者实现更好的功能)。把一个系统转换为双系统或多系统就可以实现这些。

例如,组合音响将 AM/FM 收音机、磁带机、VCD 机和喇叭等集成为一个多系统,用户可以根据需要来选择相应的功能。

如果设计人员能熟练掌握如何建立双系统、多系统,那将会实现很多创新性的设计。建立一个双系统可以用如图 9.12 中所示的几种方法。

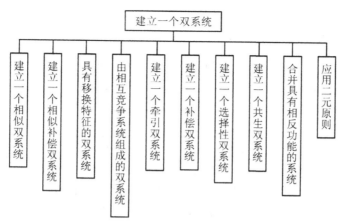

图 9.12　建立一个双系统

图 9.13 描述了建立一个多系统的 4 种方法。

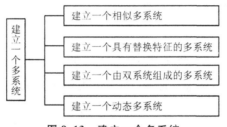

图 9.13　建立一个多系统

6. 进化模式 6：系统元件匹配与不匹配的交替出现

这种进化模式可以被称为行军冲突。通过应用上面所提到的分离原理就可以解决这种冲突。在行军过程中，一致和谐的步伐会产生强烈的振动效应。不幸的是，这种强烈的振动效应会毁坏一座桥。因此当通过一座桥时，一般的做法是让每个人都以自己正常的脚步和速度前进，这样就可以避免产生振动。

有时候造一个不对称的系统会提高系统的功能。

具有 6 个切削刃的切削工具，如果其切削刃的角度并不是精确的 $60°$，例如，分别是 $60.5°$、$59°$、$61°$、$62°$、$58°$、$59.5°$，那么这样的一种切削工具将会更有效。因为这样会产生 6 种不同的频率，可以避免加强振动。

在这种进化模式中，为改善系统功能，消除系统负面效应，系统元件可以匹配，也可以不匹配。

例如，早期的轿车采用板簧吸收振动，这种结构是从当时的马车上借用的。随着轿车的进化，板簧和轿车的其他部件已经不匹配，后来就研制出了轿车的专用减震器。

7.进化模式 7：由宏观系统向微观系统进化

技术系统总是趋向于从宏观系统向微观系统进化。在这个演变过程中，不同类型的场可以用来获得更好的系统功能，实现更好的系统控制。从宏观系统向微观系统进化的流程有以下 7 个阶段（如图 9.14 所示）。

图 9.14　从宏观系统向微观系统进化的 7 个阶段

例如，烹饪用灶具的进化过程可以用以下 4 个阶段进行描述。

(1)浇铸而成的大铁炉子，以木材为燃料。

(2)较小的炉子和烤箱，以天然气为燃料。

(3)电热炉子和烤箱，以电为能源。

(4)微波炉，以电为能源。

8.进化模式 8：提高系统的自动化程度，减少人的介入

系统为什么会不断地被改进，是因为人们想把那些单调的机械的工作交给系统来完成，人们去做那些由创造性的工作。

例如，一百多年前，洗衣服是一件纯粹的体力活，同时还要用到洗衣盆和搓衣板。最初的洗衣机可以减少所需的体力，但是操作需要很长时间。全自动洗衣机不仅减少了操作所需的时间，还减少了操作所需的体力。

9.进化模式 9：系统的分割

在进化过程中，技术系统总是通过各种形式的分割来实现改进。一个已分割的系统会有更高的可调性、灵活性和有效性。分割可以在元件之间建立新的相互关系，因此新的系统资源可以得到改进。图 9.15 中的几种建议可以帮助人们快速实现更有效的系统分割。

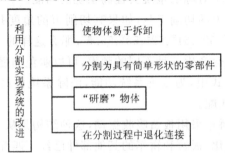

图 9.15　分割的 4 种方法

10. 进化模式 10：系统进化从改善物质的结构入手

在进化过程中，技术系统总是通过材料（物质）结构的发展来改进系统。结果结构就会变得更加不均匀，以和不均匀的力、能量、物流等相一致。图 9.16 中的几种建议可以帮助人们更有效地改善物质结构。

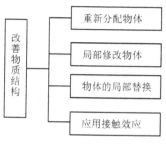

图 9.16　改善物质结构

11. 进化模式 11：系统元件的一般化处理

在进化过程中，技术系统总是趋向于具备更强的通用性和多功能性，这样就能提供便利和满足多种需求。这条进化模式已经被"增加系统动态性"所完善，因为更强的普遍性需要更强的灵活性和"可调整性"。图 9.17 中的几种建议可以帮助人们以更有效的方法去增加元件的通用件。

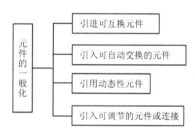

图 9.17　增加元件通用性的方法

9.3.3　技术进化理论的应用

TRIZ 理论中的技术进化理论的主要成果为：S 曲线、产品进化定律及产品进化模式。这些关于产品进化的知识具有定性技术预测、产生新技术、市场创新 3 个方面的应用。

9.3.3.1　定性技术预测

S 曲线、产品进化定律及产品进化模式可对目前产品提出如图 9.18 所示的预测。

图 9.18 所示的 4 条预测将为企业设计、管理、研发等部门及企业领导决策提供重要的理论依据。

指出需要改进的子系统

避免对处于技术成熟期或退出期的产品大量投入，进行改进设计

指出技术发展的可能方向

指出对处于婴儿期与成长期的产品应尽快申请专利进行产权保护，以使企业在今后的市场竞争中处于最有利的地位

图 9.18　定性技术预测

9.3.3.2　产生新技术

产品的基本功能在产品进化的过程中基本不变，但其实现形式及辅助功能一直发生变化。因此，按照进化理论对当前产品进行分析的结果可用于功能实现的分析，以找出更合理的功能实现结构。其分析步骤如图 9.19 所示。

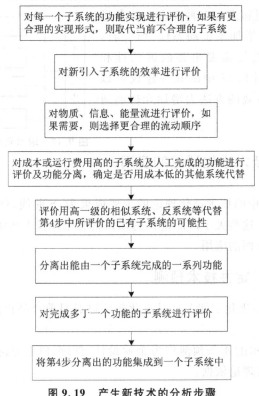

对每一个子系统的功能实现进行评价，如果有更合理的实现形式，则取代当前不合理的子系统

对新引入子系统的效率进行评价

对物质、信息、能量流进行评价，如果需要，则选择更合理的流动顺序

对成本或运行费用高的子系统及人工完成的功能进行评价及功能分离，确定是否用成本低的其他系统代替

评价用高一级的相似系统、反系统等代替第4步中所评价的已有子系统的可能性

分离出能由一个子系统完成的一系列功能

对完成多于一个功能的子系统进行评价

将第4步分离出的功能集成到一个子系统中

图 9.19　产生新技术的分析步骤

9.3.3.3　市场创新

质量功能布置(Quality Function Deployment,QFD)是市场研究的有力手段之一。目前,用户的需求主要通过用户调查法获得。负责市场调研的人员一般不知道正在被调研中技术的未来发展细节。因此,QFD 的输入,即市场调研的结果,往往是主观的、不完善的、甚至是过时的。

TRIZ 理论中的产品进化定律与进化模式是由专利信息及技术发展的历史得出的,具有客观及不同领域通用的特点。一种合理的观点是用户从可能的进化趋势中选择最有希望的进化路线,之后经过市场调研人员及设计人员等的加工将其转变为 QFD 的输入。

9.4　TRIZ 理论的发展趋势

TRIZ 理论经过多年的发展,已经被世界各国所接受,为创新活动的普及、促进和提高提供了良好的工具和平台。从目前的发展现状来看,TRIZ 理论今后的发展趋势主要集中在 TRIZ 理论本身的完善和进一步拓展新的研究分支两个方面,具体体现在以下几个方面。

(1)TRIZ 理论是前人知识的总结,那么怎样才能把它逐渐地完善起来呢,使其步从“婴儿期”向“成长期”“成熟期”进化获得各行各业人士的关注,把它作为主要的研究。例如,提出物场模型新的适应性更强的符号系统,以便于实现多功能产品的创新设计;进一步完善解决技术冲突的 39 个标准参数、40 个发明原理和冲突矩阵,以实现更广范围内的复杂产品创新设计;可用资源的挖掘及 ARIZ 算法的不断改进等。

(2)怎么样利用 TRIZ 理论解决技术冲突,让解决如何合理、有效地推广应用 TRIZ 理论解决技术冲突,使其受益面更广。

(3)如何合理、有效地推广应用 TRIZ 理论解决技术冲突,使其受益面更广。

(4)进一步拓展 TRIZ 理论的内涵,尤其是把信息技术、生命科学、社会科学等方面的原理和方法纳入到 TRIZ 理论中。由此可使 TRIZ 理论的应用范围更广,从而适应现代产品创新设计的需要。

(5)将 TRIZ 理论与其他一些创新技术有机集成,从而发挥更大的作用。TRIZ 理论与其他设计理论集成,可以为新产品的开发和创新提供快捷有效的理论指导,使技术创新过程由以往凭借经验和灵感,发展到按技术进化规律进行。

(6)TRIZ 理论在非技术领域的研究与应用。由于 TRIZ 理论具有独特的思考程序,可以给管理者提供良好的架构与解决问题的程序,一些学者对其在管理中的应用进行了研究并取得了成果。因此,TRIZ 理论未来必然会朝向非技术领域发展,应用的层面也会更加广泛。

第10章 机械创新设计实例分析

机械创新设计不一定限于高科技领域,在机械工程中,利用简单机构的各种组合而创新设计的例子很多。设计一定要力求简单、经济、实用,这样既能够控制整机的造价,也能很好地符合市场的需求。

10.1 机械创新思路的分析

任何产品都要满足一定的生活或生产中的实际需求,而能实现这一需求的产品所依据的工作原理又经常是各不相同的。由于采用不同的工作原理,形成最后产品的结构可能是大不相同的。究竟采用何种工作原理,通常需要设计者根据使用环境、使用条件、产品要求的寿命和可靠性、产品的价格及现有的生产条件多方面因素来考虑。如第二届全国大学生机械创新设计大赛确定的大赛主题是"健康与爱心",内容包括:"助残机械、康复机械、健身机械、运动训练机械 4 类机械产品的创新设计与制作"。

在助残机械中很多研究者将可爬楼梯的轮椅作为研究的课题,下面就以此为例展开讨论。轮椅若想实现爬楼梯的目的,最最基本的一个要求就是要将轮椅升高到高一级的台阶上。为了实现这一目的,很多研究者先后设计了各种不同的方案。下面列举其中比较创新的几个思路进行分析,从中学习。

思路一:在同一结构上通过简单转换得到两种驱动模式,分别适应爬楼和平地行走。图 10.1 所示的是华中科技大学的参赛作品"星轮行星轮转换式可爬楼轮椅车",作品采用的是星轮行星轮转换式方案,驱动后置。

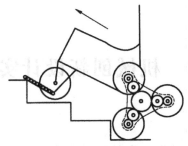

图 10.1　星轮行星轮转换式可爬楼轮椅车

该可爬楼梯轮椅的基本原理为：当平地行走时，后三角轮两轮着地（图 10.2），驱动行星齿轮系的中心齿轮便可以前进；当爬楼时，利用一个离合器锁紧机构将行星齿轮系锁住，驱动中心齿轮便会使三角轮整体翻转逐级爬上楼梯，如图 10.3 所示。

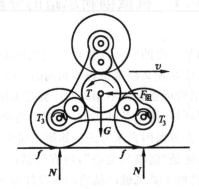

图 10.2　平地行走时的受力情况

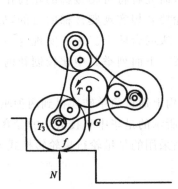

图 10.3　爬楼时的受力情况

星轮行星轮转换式结构是具有 3 个行星齿轮的行星齿轮系，在中心齿轮外依次均布三惰轮和三行星齿轮，左右两半箱体相连接作为转臂，由此构成具有 3 个行星齿轮的行星齿轮系。箱体中心固定有齿式离合器固定端，齿式离合器活动端与中心轴通过花键滑动连接。当齿式离合器活动端与固定端分离时，整个结构便处于行星轮结构模式，此时驱动中心轴便会驱动 3个车轮旋转，便可以在平地上行走。当拨动齿式离合器活动端使其与齿式离合器固定端结合时，中心齿轮和箱体(转臂)锁住，从而各齿轮均不自转而只随整个箱体一起翻转，整个行星齿轮系将变成一个刚性的整体而转变为星轮结构模式。此时，驱动中心轴便会驱动包括行星轮系在内的整个箱体翻转，此种结构模式可用于攀爬楼梯。

这一设计方案的优点在于，通过同一结构的简单转换就能够得到两种驱动模式来分别适应爬楼和平地行走两种方式，各自适应性良好，结构紧凑，操作起来也比较方便。

思路二：采用他人辅助上楼的方式来解决轮椅爬楼过程中重心调整的最大难题，一方面使制作难度和成本都有所降低，另一方面通过人力和电动机驱动分别来完成水平运动和升起运动。浙江大学的参赛作品"半自动爬楼梯轮椅"正是利用这一思路设计的一个典型例子。

该可爬楼梯轮椅的基本原理为：上楼时，轮椅在他人的辅助下维持重心平衡，随着支撑轮的转动将整个轮椅上抬一个台阶，人稍将轮椅后拉，准备下一阶楼梯，如此往复直到结束。在水平移动时，由辅助人员推动或拉动。在下楼时，和上楼时类似，只是电动机反向转动，支撑轮做反向的曲线运动，将轮椅缓慢送至低一个阶梯。图 10.4 是轮椅上下楼的示意图。

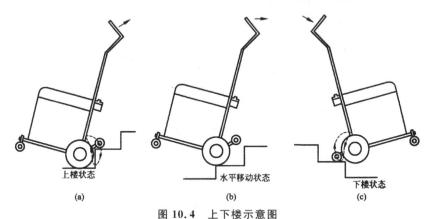

图 10.4　上下楼示意图

这一设计方案的优点在于，突破了传统的爬楼梯轮椅都是全自动的模式，降低了制作的成本；上楼时借助他人辅助，轮椅爬楼过程中更方便进行重心调整，降低了制作的难度。

思路三：将爬楼梯动作分解为水平和竖直升降两个运动，通过单片机控制两台可逆电动机驱动相应机构，完成轮椅两部分的相对移动，实现整台机器上下楼梯的功能。福州大学的作品"电动爬楼梯轮椅"是该思路一个很好的体现。

爬楼梯主要分为 5 个步骤:第一步,设定初始位置(图 10.5);第二步,通过一个直线往复减速电机带动剪式机构将导轨连同上板抬升(图 10.6);第三步,通过另一电动机将上板向前推进(图 10.7);第四步,以导轨和上板为机架,反向使用剪式机构将另一套支架脚收起(图 10.8);第五步,以上板为机架往前拉导轨进入初始状态(图 10.9)。

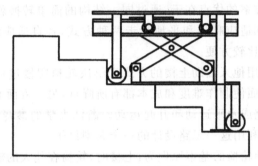

图 10.5　上楼设定初始位置

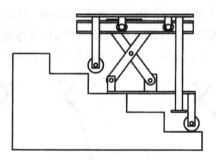

图 10.6　上板抬升

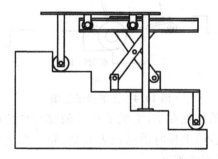

图 10.7　上板向前推出

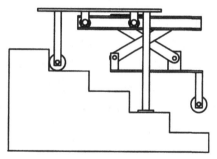

图 10.8　支持脚收起

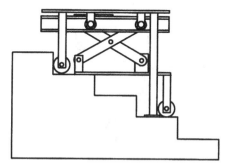

图 10.9　进入初始状态

10.2　机械创新设计实例

10.2.1　爬杆(绳)机器人

针对许多不适宜人去工作的危险场合,辽宁工程技术大学师生研制开发了一种小型遥控爬杆机器人。攀爬现场已有(或临时设置)的杆、绳、管、线等物体,代替作业人员进入各种危险场所或人员不易到达的地方,配合各种仪器及工具,完成自然人难以完成的作业任务。

利用一个曲柄滑块机构和两个单向自锁器,模拟尺蠖爬行而完成上行运动;(在解除自锁状态下)利用滚轮完成下行运动。

设计方案见图 10.10,装置结构由原动部分(电动机)、传动部分(减速器)、执行部分(曲柄滑块机构、上端自锁器、下端自锁器)、控制部分(遥控装置)组成。1 号电动机安装在上端自锁器 4 上,为装置向下爬行提供动力;2

号电动机安装在机架 3 上,为装置向上爬行提供动力;3 号电动机安装在下端自锁器 7 上,为其解除自锁提供动力。3 个减速器分别配合 3 个电动机,为执行部分调整运动速度和传递动力。曲柄滑块 5 作为装置的核心部分,在 2 号电动机的带动下完成装置向上爬行的主要功能。上端自锁器单向自锁时,只允许装置向上运动,装置向下运动时依靠工作位置的变化改变自锁状态,并由 1 号电动机带动驱动轮向下运转。下端自锁器也是单向自锁,只允许装置向上运动,装置向下运动时依靠 3 号电动机解除自锁,配合上端自锁器向下运行。

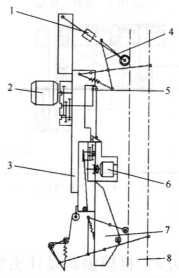

图 10.10　爬杆机器人设计方案

1—1 号电动机;2—2 号电动机;3—机架;4—上端自锁器;
5—曲柄滑块机构;6—3 号电动机;7—下端自锁器;8—杆状物体

装置可以攀爬的物体包括圆杆、方杆、弯杆、变径杆、柔性杆以及钢丝绳、麻绳、电缆等现场已有(或临时设置)的刚性或柔性的杆、绳、管、线等物体。装置自带动力(电池组),通过遥控装置控制升降。在杆物体的端点或中途遇到运行障碍时,装置能够自动识别并作出相应反应,可保证装置的运行安全。

本装置的主要功能及用途:井筒、吊桥等特殊地点的钢索检测探伤;气体、液体的远距离取样;深孔、绝壁、高障碍等特殊场所的观测、拍摄;高处、深处、远处、有毒、高(低)温场所及各种危险场所等人员不易到达之处的工程作业项目;侦查、防爆、营救等场合下以特殊方法接近目标的作业任务;非返回式作业,如自毁式爆破等。

创新之处在于：

（1）以最简单的结构实现规定功能。与各种爬杆机器人比较，该装置体积小，不拖带电缆，可遥控操作。

（2）功能扩展能力强。结合各类仪器和各种先进技术手段使用，高难的作业项目都能很好地完成。

10.2.2　蜂窝煤成形机

冲压式蜂窝煤成形机的用途是将粉煤加入转盘的模筒内，经冲头冲压成蜂窝煤。为此它必须完成以下动作：煤粉的输送及向型腔中加料；冲压成形；清除冲头及出煤盘上的煤屑；把成形的蜂窝煤从模具中脱出；输送蜂窝煤。

为了满足蜂窝煤成形机的设计要求，把实现功能目标的要求限定在机械手段。这样，可把蜂窝煤成形机的工艺动作分解如图 10.11 所示。

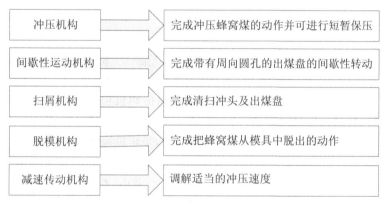

图 10.11　蜂窝煤成形机的工艺动作分解

蜂窝煤成形机机械系统可由曲柄滑块机构（冲压机构）、槽轮机构（分度机构）、移动凸轮机构（扫屑机构）以及带传动和齿轮传动机构（减速机构）组成，如图 10.12 所示。为增加冲头的刚度，可采用对称的两套冲压机构。

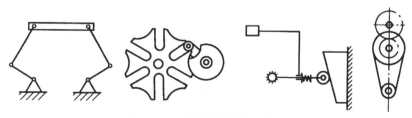

图 10.12　蜂窝煤成形机组成图

　　蜂窝煤成形机中的各机构的动作并不是随意进行的,它们都有一定的顺序要严格遵行,其运动循环如图 10.13 所示。在循环图中,以冲压机构为主机构,横坐标为曲柄轴的位置,纵坐标表示各执行机构的位置。冲压过程分为冲程和回程,带有模孔的转盘工作行程在冲头回程的后半段和冲程的前半段完成,使间歇转动在冲压之前完成。扫屑运动在冲头回程的后半段和冲程的前半段完成。

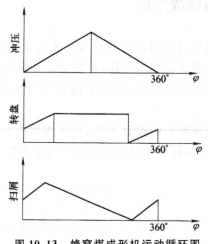

图 10.13　蜂窝煤成形机运动循环图

　　机械系统原理方案的构思如下:把减速传动机构、冲压机构、分度机构和扫屑机构的运动协调起来,可按机构组合原理进行。各分支机构的连接框图如图 10-14 所示。电动机驱动带轮机构,带轮机构驱动齿轮机构;齿轮机构分别驱动冲压曲柄滑块机构和分度槽轮机构;冲压机构的冲头驱动扫屑凸轮机构。机械系统运动方案如图 10.15 所示。其中,凸轮扫屑机构采用了移动式的反凸轮机构,在冲头回程(上行)时,其端部长形毛刷清扫冲头和脱模头。为了表达得让人更容易理解,图中把凸轮扫屑机构转过 90°。

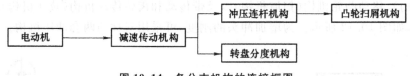

图 10.14　各分支机构的连接框图

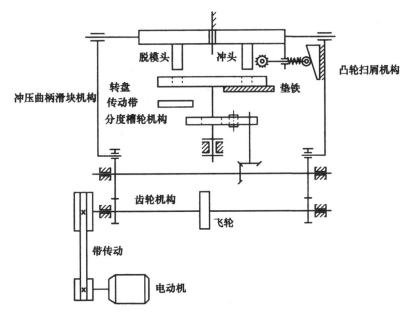

图 10.15　蜂窝煤成形机机械系统运动方案

　　简单的机构组合方案有几十种之多。这里所选方案的特点如下:采用了简单机构的巧妙组合,设计出的蜂窝煤成形机不但具有简单的结构,而且性能也更加可靠。尽管如此,该设计没有增加成本,使用起来操作方便,经久耐用,即使出现问题也比较方便维修。正是因为如此它在市场上占领了很大一部分的份额。

　　该机械的创新之处在于用常用简单机构组成一个能完成既定动作、效果良好的机械原理方案。

　　综上所述,在机械工程中,一个极具创新的方案设计将发挥重要的作用,其地位是不容小觑的。

10.2.3　旱地钵苗栽植器

　　旱地钵苗移栽是一项农业高新技术,利用该项技术可以实现如下目的:第一,为幼苗生长创造良好的环境条件,获得健壮的秧苗,有利于优质高产;第二,改善育苗效果,缩短作物在大田或保护地的生长周期,土地利用率更高。可见,该技术取得的经济效益和社会效益都是十分可观的。

　　整个移栽机中的一个关键部件就是栽植器。它设计的成功与否至关重要,一旦设计失败则直接导致整个机具的失败。

　　一般栽植器的结构形式有钳夹式结构、挠性圆盘式结构、吊杯式结构等几种：

(1)钳夹式栽植器。结构简单、成本低、株距和栽植深度稳定,但株距调整困难、钳夹易伤苗、栽植速度低。

(2)挠性圆盘式栽植器。圆盘一般由橡胶材料制作,成本低,但寿命较短,栽植深度不稳定,并且由于人工喂入会产生较大的株距差异,因此挠性圆盘一般要与分苗部件配合使用。

上述这两类栽植器保证秧苗直立的条件一般是秧夹(或圆盘)边缘的圆周线速度与移栽机的前进速度大小相等、方向相反,但由于夹持秧苗的位置往往不靠近边缘,以及地轮打滑等原因,仅靠栽植器很难保证良好的秧苗直立度。

(3)吊杯式栽植器。虽然具有可以同时进行膜上打孔移栽的独特优点,但机构较为复杂。

总的来讲,这几种结构形式的栽植器一般均为人工操作,即在栽植过程中要由人工取苗并分出单棵的秧苗喂入栽植器,然后由机具完成开沟、栽苗、扶苗和覆土等工作,属于半自动栽植器。人工喂苗的频率一般为 60 株/min 左右,栽植速度较低,而且这几种形式的栽植器在保证结构简单的条件下,难以实现自动化,因此在栽植速度上很难有提升空间。

另外还有一种导苗管式栽植器,它可以克服回转式栽植器的秧苗直立度难以保证的缺点,保证较好的秧苗直立度、株距均匀性和深度稳定性,但结构相对复杂,成本较高。

综合考虑一般型栽植器的优缺点,现又研究开发出一些新型的栽植器,以下主要介绍两种创新型栽植器的结构方案。

10.2.3.1　带式栽植器

按照喂入方式,导苗管式栽植器有水平回转喂入杯式、水平回转格盘式及带喂入式三种。其中,从栽植速度的角度比较,带式喂入的栽植速度更高。因此,将带式喂入衍生成带式栽植,在栽植速度上将会有很大提高。

1.双输送带式栽植器

它是由水平输送带和倾斜输送带两个部分组成的,其结构如图 10.16 所示。

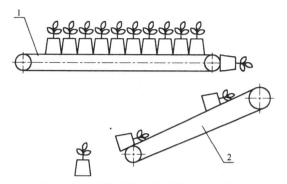

图 10.16 双输送带式栽植器结构示意图

1—水平输送带；2—倾斜输送带

双输送带式栽植器的工作原理流程如图 10.17 所示。

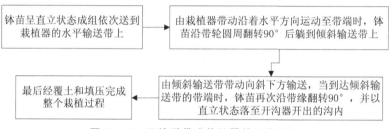

图 10.17 双输送带式栽植器的工作原理

通过试验研究，双输送带式栽植器对立苗率的影响因素包括倾斜带倾角、投钵高度及投钵速度，其中最为敏感的是倾斜带倾角，其最佳范围是 20°～24°。

2. 单输送带式栽植器

主要有两种形式，一种由一条输送带分成水平段和倾斜段来运送钵苗进行栽植[图 10.18(a)]，另一种则是由一条水平或倾斜输送带加上一条上滑道和一条下滑道组成的[图 10.18(b)]。

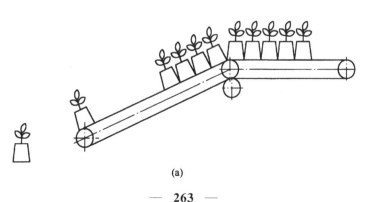

(a)

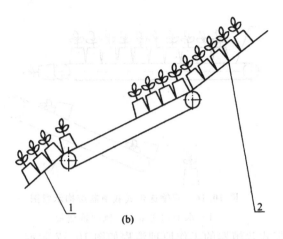

(b)

图 10.18　两种单输送带式栽植器结构示意图

1　下滑道；2—上滑道

　　经过大量的试验研究，输送带式栽植器利用输送带实现喂入的同时，也进行了钵苗的栽植，因此能达到较高的栽植速度。但由于喂入和分钵都依靠输送带进行，所以存在着因皮带打滑所产生的工作不可靠的问题，影响移栽机的稳定性，另外，输送带式栽植器也有尺寸较大、结构稍显复杂的问题。

10.2.3.2　滑道分拨轮式栽植器

　　滑道分拨轮式栽植器主要包括上滑道、下滑道及分拨轮等几个重要组成部分，其结构如图 10.19 所示。上滑道能够接受喂入机构成排喂入的钵苗，并为分拨机构逐个分钵进行钵苗的排队。栽植作业的株距并非任意而为的，需要满足一定的要求，因此，一定要注意保证间歇成排喂入钵苗时两排钵苗之间不产生空段。

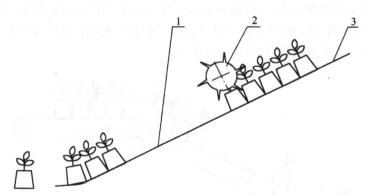

图 10.19　滑道分拨轮式栽植器结构示意图

1—下滑道；2—分拨轮；3—上滑道

滑道分拨轮式栽植器的工作流程是这样的:在工作时,存放于钵苗盘中的钵苗通过间歇工作的喂入机构成排滑入栽植器主滑道,当其滑至分拨轮处时,被分拨轮阻挡,从而自动有序地在上滑道内进行排列;分拨轮一般在地轮的带动下转动;它的拨齿按每齿一个钵苗有序地将钵苗逐个送入下滑道;钵苗在分拨轮和自重的作用下,快速滑至下滑道的末端,并在滑道末端所设的弧形导向滑道的作用下,由原来的倾斜状态变为直立状态,在离开滑道的一瞬间钵苗以直立状态落入开沟器开出的苗沟内。

经过试验和计算分析,影响滑道分拨轮式栽植器工作稳定性的主要因素有钵苗表面的含水率、钵体形状及滑道倾角;对于作为主要部件的滑道而言,一般使用抛光不锈钢板制作,以增加其稳定性;此外,对于分拨式栽植器的立苗率,影响最大是投钵高度,其最佳范围是 0~15mm。

大量的试验和研究表明,输送带式栽植器和滑道分拨轮式栽植器都是高速、高效的栽植机械,配合自动喂入机构,其栽植频率可以达到 3 钵/s 以上,即栽植速度可达 180 钵/min。

对于滑道分拨轮式栽植器,它的创新之处主要在于分拨轮的使用。利用分拨轮进行钵苗的分钵,减少了使用皮带进行分钵的不稳定因素,在优化一些参数的基础上,能够实现稳定工作。因此,滑道分拨轮式栽植器在大大提高栽植速度的同时,保证了较好的立苗率,是传统栽植机械的一大突破。此外,它的整个工作过程较输送带式栽植器有了很大的简化,结构简单而实用。

10.2.4　新型大力钳

市场上现有大力钳的结构如图 10.20 所示。这种大力钳在钳柄的尾端内腔设置有内螺纹,通过调节螺栓与内螺纹配合,旋转螺栓的进和出,可调节钳口的大小,以使钳口大小符合较大夹紧力时工件尺寸的要求。对不同尺寸的工件都要进行最少一次的调节。

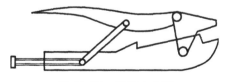

图 10.20　普通大力钳

第一届全国大学生机械创新大赛中吉林大学设计出一种新型大力钳,能够实现在夹不同尺寸的工件时自调节钳口的大小,从而可以直接对不同尺寸的工件进行夹持,不用为了尺寸的问题反复调节钳口大小,从而使操作更加方便、灵活。新型大力钳的机构简图如图 10.21 所示。

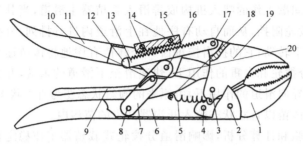

图 10.21　新型大力钳

1—定钳头;2~4,8,10,14,16~18—铆钉;5—拉簧;6—小手柄;7—撑杆;
9—松动杆;11—大手柄;12—凸块;13—齿条,15—齿块,19—活钳头;20—工作块

与普通大力钳的作用原理相同,同样是应用变杆机构实现瞬心重合,使增益达到无穷大,实现自锁。如图 10.21 所示,小手柄、撑杆、齿条与活钳头组成一个四杆机构。但由于撑杆与齿条不是固定连接,而且齿条与齿块间可以相对运动,所以齿条在这里实际上是一个自动变杆。夹工件时将工件放至钳口。由于有拉簧的作用,使活钳头轻夹住工件。当继续合拢两手柄时,由于铆钉与铆钉的位置相对静止,且齿条与齿套没有咬合,撑杆上的铆钉便会随着齿条向铆钉方向移动,移动量随着工件尺寸的增大而增大。当撑杆与齿条所成夹角为 5°到 35°的某一个角度时,齿条和齿块的齿开始咬合。之后齿块、工作块和齿条可看作一体。然后继续合拢大小手柄,直至瞬心(6,7),(7,13),(13,19)几乎共线。当(6,19)与(13,19)重合时,机构力的增益达到无穷大,夹紧工件。新型大力钳实现了对不同尺寸工件的直接夹紧,避免了夹不同尺寸工件时必须先调节钳口大小的操作,同时本新型大力钳还保持了原有大力钳夹紧力大和能自锁的优点。

该设计的创新之处在于:采用了缺点列举法,列举了普通大力钳子存在的在夹不同尺寸工件时,都要进行旋转螺栓的进和出以调节钳口大小的操作问题。对此,该设计主要采用了发明原理中的动态化原理,该原理的主要内容包含自动可调,使物体在各阶段动作、性能都最佳,或将静止的物体变为可动、可自适应。

10.2.5　电动大门

大门是一个单位形象的体现。很多单位开始重视门面的装潢,以电动大门为例,人们对其功能与造型提出了更多的要求,如要好看、实用。

电动大门主要功能就是实现大门的自动打开和关闭。大门的种类有很多,也有着许多不同的实现技术途径。图 10.22 所示为实现电动大门功能的技术途径框图。

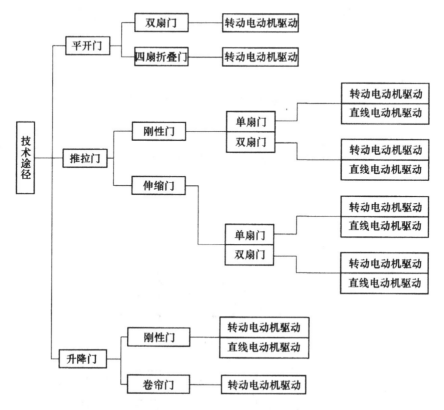

图 10.22　实现电动大门功能的技术途径框图

　　平开门、推拉门、伸缩门、升降门和卷帘门的结构示意如图 10.23 所示。平开门的原理是大门绕垂直轴转动;推拉门的原理是大门沿门宽方向移动;伸缩门的原理是大门沿门宽方向移动,且大门由可伸缩的杆状平行四边形联接的多片金属框架组成;升降门的原理是大门沿垂直方向移动;卷帘门的原理是大门绕门宽上方的水平轴转动。图中仅画出了大门的结构示意,没有给出具体的传动方式。

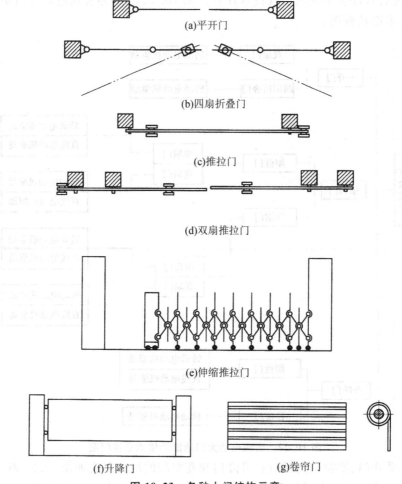

(a)平开门

(b)四扇折叠门

(c)推拉门

(d)双扇推拉门

(e)伸缩推拉门

(f)升降门　　　　　　　　(g)卷帘门

图 10.23　各种大门结构示意

可以根据大门的宽度、大门两侧的具体建筑风格与空间,选择大门的运动方式及具体机构,按技术原理进行创新设计。例如,门宽为 6～10m,选择四扇折叠门或双扇推拉门;厂房式建筑还可以考虑采用升降门或卷帘门。

现以两扇平开门为例说明其设计过程及创新的途径。

按大门启闭的两个位置及该位置处加速度要尽量小的要求,再考虑到传动角要尽量大的条件和安装限制条件,设计连杆式执行机构。机构运动简图如图 10.24 所示。

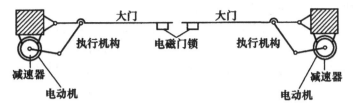

图 10.24　平开式电动大门机构运动简图

平开门的驱动方式也可采用液压传动,其机构运动简图如图 10.25 所示。液压驱动的电动大门外形整洁,用电安全,无须电磁门锁,但不适宜较寒冷地区使用。

图 10.25　液压型电动大门机构运动简图

液压传动原理如图 10.26 所示。图中用限位开关(未画出)取代压力继电器,更加适应电动大门的工作。

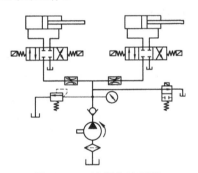

图 10.26　液压传动原理

根据电动大门的功能分析和技术原理,可创新设计出多种不同类型的电动大门。本案例仅讨论门宽较小的两扇平开门的创新设计。

采用二级蜗轮减速器和四连杆机构作为执行机构的电动大门的创新设计,由北京交通大学完成;采用二级摆线针轮减速器和四连杆机构作为执行机构的电动大门的创新设计,由天津大学完成;采用二级平动齿轮减速器和具有自锁特性的四连杆机构作为执行机构的电动大门的创新设计,由北京理工大学完成。

其创新之处主要有两点:电动大门机构运动方案的拟订和传动装置的设计。采用平开门时,地面不用安装导轨,减小了行车的颠簸和施工强度,适用大门两侧有建筑物的场合。电动大门的创新方案不是唯一的,要从门面建筑和周边环境的总体布局等方面综合考虑。

各种电动大门的出现，不仅减轻了操作者的劳动强度，而且也美化了建筑环境。图 10.27 所示为顶置式四扇折叠电动门创新设计。该电动门的机械系统采用了八杆机构，且为Ⅲ级机构，广泛用于超宽型的顶置式厂房大门。

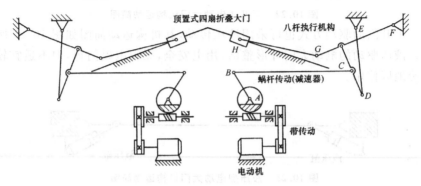

图 10.27　顶置式四扇折叠电动门

10.2.6　地震应急床

人类在大自然的面前是渺小的，特别是当面对破坏力强大的自然灾害时，会深刻感受到生命受到的威胁。地震就是一种常见的极具破坏力的自然灾害，特别是当发生在晚上人们都熟睡时，很容易将人埋在废墟下造成更严重的伤亡。俄罗斯的科学家曾针对这一现象提出一个大胆的设想，即发明制作一种防震床，可以及时检测到将要发生的地震，在短短 2s 的时间就可以把人保护起来，使其处在一个相对安全的环境中，并且这张床安全系数非常高（能够承受住 8 级以上的地震），内部还有可以维持生存的各种应急装备和生存物资（图 10.28）。当然这只是一种设想，但足以看出人们面对灾害做出的努力。

图 10.28　俄罗斯科学家设想的防震床

　　第二届全国大学生机械创新大赛中兰州交通大学的参赛作品"地震应急床"与上述设想有相似之处。从外形上看,地震应急床同普通的床相比没有什么太大的不同,只是它的床板是用磁铁吸住悬浮在空中的。正常情况下,它可以像普通的床一样供人们休息睡眠;但是当地震发生时,地震的监测设备在第一时间监测到地震信息并发射无线电信号,安装在床头的接收器收到信号后,在不到 2s 的时间内,通过电路控制使它的电磁铁在得电瞬间失去磁性,因重力的作用而实现床板下落、侧架合拢等一系列的机械运动,带有弧度的两个侧架在人体的上方形成一个拱形的保护层。这一坚固的金属壳体可有效地抵御地震引起的房顶或墙壁倒塌所产生的巨大冲击力和破坏力,大大降低了卧床休息者在强烈地震中死伤的可能性。

　　该设计的创新之处在于,采用了功能组合创新法,将一个普通床的功能和可以形成拱形保护架的保护功能组合到一起,同时采用了反向作用的原理,即在利用电磁铁得电瞬间失去磁性的作用,使床板因重力的作用而实现下落。而带有弧度的两个侧架在床板下落后自动在人体的上方形成一个拱形的保护层则应用了自服务的创新原理。

10.2.7　乒乓球发球机

　　目前市场上销售的各种各样的乒乓球发球机大多都不适合乒乓球初学者,而更多的是针对具有较高水平的爱好者设计的。天津工程师范学院的李伟、杨加勇和杨国彬在老师田南平的指导下,根据社会需求的多样性,将为乒乓球初学者设计乒乓球发球机作为创新课题,利用日常生活中常见的废弃物品材料制成了适合初学者练习乒乓球基本动作的乒乓球发球机,该发球机成本低廉、工作可靠,符合绿色设计的要求。

　　该乒乓球发球机主要采用了能量转换的原理来设计制作。它的工作是这样的:首先将弹性拨片旋转,当弹性拨片遇到挡块阻挡后发生弯曲变形,产生弹性势能。弹性拨片由于弯曲变形而滑过挡块后迅速恢复原状,其前端击打乒乓球的中后部。弹性拨片的弹性势能转化为乒乓球的动能,从而使乒乓球产生一定的初速度,达到发射乒乓球的目的。

　　发球机的主要机构及功能如下:

　　(1)弹射机构。利用弹性拨片遇到挡块而产生的弹性变形来对乒乓球进行弹射。

　　(2)搅球机构。利用直流电动机带动叉形拨杆旋转,从而搅动球库里面的乒乓球旋转,使得乒乓球不会在球库出口卡死。

　　(3)上(送)球机构。主要通过乒乓球自身的重力来实现。

（4）定位（排位）机构。乒乓球由球库出口掉出后滚入球道，在球道中乒乓球连续排成一列，最前面的乒乓球滚出球道后将停在停球槽，而后面的乒乓球受到停球槽中乒乓球的阻挡而留在球道。在停球槽处有一个用钢丝做的护球装置，防止乒乓球由于重力和球之间力的作用而冲出停球槽。

（5）消冲击装置。由一块装在停球槽斜前方的橡胶片构成，其主要作用是消除弹性拨片所产生的震动。

（6）阻挡装置。主要作用是使弹性拨片产生弯曲、变形，从而使其产生弹性势能。

该乒乓球发球机和市场上现有的乒乓球发球机相比，具有如图10.29所示的几个特点。

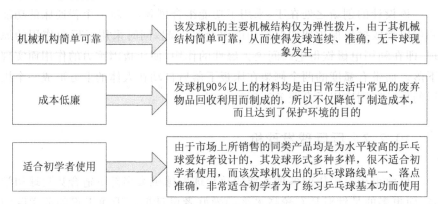

图10.29　创新乒乓球发球机的特点

其创新之处可归纳为如图10.30所示。

①用击打方式将球击出，不同于常见的旋转摩擦方式；
②利用弹性拨片遇到挡块而产生的弹性变形来对乒乓球进行弹射；
③用钢丝做成杠杆式搅球杆，在集球器中连续旋转搅拌球；
④集球器采用了废旧的纯净水水桶，巧妙地利用了其肚大口小的特点，饮料瓶壳作为连接撑固定在基座上，为连续发球提供了必备条件。

图10.30　乒乓球发球机的创新之处

10.2.8　手推式草坪剪草机

目前市场上的剪草机大多需要动力装置，这样会产生较大的噪声，带来环境污染，在办公和学习的地方就显得不受欢迎。由于动力引擎剪草机有动力装置，保养、维护费用较高；同时动力引擎剪草机主要依靠刀片的高速旋转将草割断,再通过旋转气流将草排出,因此对整机的安全性要求较高,操作时也会给工人带来强烈的振动,使操作很不舒服。虽然,动力引擎剪草机剪草效率较高,剪草效果较好,但其价格也较贵,因此一般的用户难以接受。

通过市场调研,决定设计一种无引擎驱动、无噪声污染、剪草高度可调节、轻便简洁、操作方便和美观实用、适用于一般用户的草坪剪草机。

如图 10.31 所示,剪草机工作时由人推动机器行走,从而使剪草机的后轮 1 转动,带动与其同在一根轴上的大齿轮 2 转动,通过齿轮 2 与齿轮 3 组成的增速机构使速度得以提升,并带动端面凸轮 4(为了实现几何形状封闭和便于调整,采用两个端面凸轮以背靠背形式装配)回转,端面凸轮 4 带动拨杆 5 运动,通过端面凸轮 4 与拨杆 5 组成的转换机构将回转运动变为直线往复运动,使固定在其上的活动刀片与固定在机架上的固定刀片形成相对交错运动,完成剪草动作。

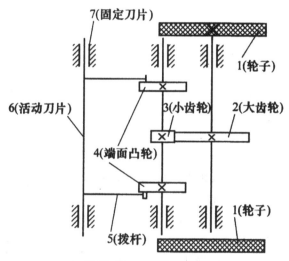

图 10.31　机构运动简图

设计的手推式草坪剪草机首先要通过一个传力构件将人力传递出去。为了使操作者在正常行走速度下操作,传递出去的力应通过增速机构继续传递。因执行修剪草动作刀片的相对运动方向与人行进的方向垂直,经前面增速机构传递过来的运动都需要再经过一级转换机构传递到执行构件。通过分析得到手推式草坪剪草机的组成框图,如图 10.32 所示。

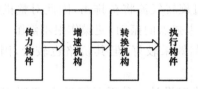

图 10.32　手推式草坪剪草机的组成框图

　　能实现手推式草坪剪草机功能的技术原理较多,但各有利弊,要使操作者只通过简单操作即可完成剪草动作,可以用手推剪草机向前行驶,靠剪草机轮子的转动将转动运动转变成往复移动而输出到执行构件。显然设计成手动式草坪剪草机是合理可行的。

　　根据所查资料,可选用组合—变异法构成初步方案。由前面的分析可知,手动式草坪剪草机只需一项运动形式变换功能(即转动变直线往复移动),所以不必列出矩阵表后构型。实现转动到直线往复移动变换功能最简单的机构为曲柄滑块机构、直动推杆盘状凸轮机构和齿轮齿条机构(图 10.33)。

(a)曲柄滑块机构　　　(b)直动推杆盘状凸轮机构　　　(c)齿轮齿条机构

图 10.33　实现将转动转变为直线往复移动的机构

　　(1)用组合法实现增速。为了使操作者在正常行走速度下操作,传递出去的力应通过增速机构继续传递。由于转换机构的运动输入构件做定轴转动,这样在剪草机动力输入构件轮子和转换机构的运动输入构件之间,可以采用链传动、带传动和齿轮传动。为了使所设计的剪草机结构紧凑,可以采用齿轮传动。而齿轮传动有直齿圆柱齿轮传动、斜齿圆柱齿轮传动、锥齿轮传动和蜗杆传动等。蜗杆传动的传动效率低,一般是蜗杆主动,且轴线空间交错,应用于剪草机,会使支承结构复杂。锥齿轮传动的轴线相交,且其中一个齿轮需悬置,也会使剪草机支承结构复杂。直齿圆柱齿轮传动和斜齿圆柱齿轮传动的轴线相互平行,支承结构较简单,同时剪草机的速度不高,载荷也不大,因此可选择直齿圆柱齿轮传动作为增速机构。机构组成方案如图 10.34 所示。

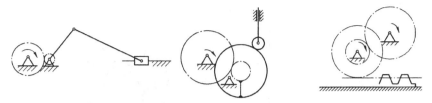

(a)带齿轮增速的曲柄滑块机构 (b)带齿轮增速的直动推杆盘状凸轮机构 (c)带齿轮增速的齿轮齿条机构

图 10.34　机构组成方案

（2）用变异法实现刀具剪切运动方向与剪草机行进方向垂直。由于刀具的剪切运动方向与剪草机行进方向垂直，图 10.32 所示的机构组成方案不能最终满足设计要求，还需对机构进行进一步构型。

方案 1：利用梅花凸轮（凸轮廓线呈梅花状）和连杆机构来实现滑块在导轨上的往复运动，其工作原理如图 10.35 所示。

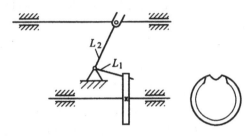

图 10.35　梅花凸轮和连杆机构

方案 2：利用圆柱凸轮机构将凸轮轴的旋转运动转化为滑块的往复运动，其工作原理如图 10.36 所示。

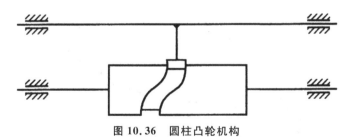

图 10.36　圆柱凸轮机构

方案 3：综合方案 2，可以利用圆盘侧面的形状特征，在此圆盘旋转时通过侧面推动固定在滑块上的拨叉（可以横向调整）左右运动，这样就得到了一种新型的凸轮——端面凸轮，其工作原理如图 10.37 所示。

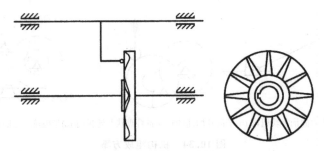

图 10.37　端面凸轮传动机构

在图 10.37 所示的梅花凸轮机构中，为了把凸轮的转动变为执行构件的往复移动，需增加一个支点和一个构件两个低副（或一个构件、一个高副），这样会增加整个机构的复杂性，且设计时 L_1 应该比 L_2 短（L_1 为支点到构件与凸轮接触点的距离，L_2 为支点到构件与滑块铰接点的距离），否则必然会增大梅花凸轮的尺寸，或引起梅花凸轮边缘曲线过渡较急，这样将减小传送到滑块上的力。图 10.36、图 10.37 所示圆柱凸轮机构和端面凸轮机构的结构简单，可以考虑作为所设计的剪草机的运动转换机构。

但是，还希望所设计的剪草机能实现剪草高度的调节。要实现此功能，在图 10.36 所示的圆柱凸轮机构中还需增加一个能使刀架（包括活动刀片和固定刀片）沿垂直方向移动的移动副，使机构结构变得较为复杂。而图 10.37 所示的端面凸轮机构，可以使推杆沿端面凸轮的任意弦上下运动，从而带动刀架上下运动，易于实现剪草高度的调节。

经过结构设计将机构细化，最终得到的手推式草坪剪草机的组成，如图 10.38 所示。

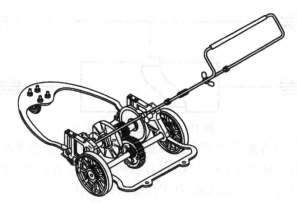

图 10.38　手推式草坪剪草机组成

本产品的主要创新点之处可归纳为如图 10.39 所示。

①从机构运动的功能出发，按变异—组合法和类比法完成机构的构型和设计；
②在产品样机加工前应用三维造型软件进行三维造型、虚拟装配和运动仿真，从理论上验证了设计的可行性，然后进行样机制作；
③无动力装置驱动，节省能源，无污染，采用绿色环保设计；
④外观造型新颖，推杆可折叠伸缩，适合家庭用户使用；
⑤采用齿轮机构实现增速提高了整机的工作效率，解决了手动剪草机效率不高的问题；
⑥采用端面凸轮机构，将转动转变为直线往复运动，从而满足剪草运动要求，端面凸轮形状类似冠轮，解决了端面凸轮加工难的问题；
⑦采用剪草高度调节机构，解决了目前手动剪草机不易实现高度调节的问题；
⑧产品制造和使用成本低，符合广大用户购买能力的要求。

图 10.39　手推式草坪剪草机创新之处

10.2.9　扭绳式逃生器

在第四届全国大学生机械创新设计大赛中，福州大学的参赛作品"扭绳式逃生器"具有结构简单、体积小、重量轻、造价低，安装、使用、拆卸和携带方便等特点。该逃生器的主要工作原理是利用扭绳之间产生的摩擦力来减缓下降运动速度。当两段钢丝绳扭转缠绕到一起时，绳子变形，在人体重力的作用下绳子会有拉直的趋势，从而使得接触的绳段之间产生正压力，进而产生摩擦力，阻止或减缓接触绳段之间的相对运动。由于扭绳段是随着逃生器下降的，摩擦并不会集中在绳子的某一固定位置，所以不易造成绳子的磨损失效。在实际运用过程中，使用者可以根据人体不同的体重自由方便地调节绳段之间的扭转圈数，从而调节绳段之间的阻力，并在绳子的自由端根据实际的需要施加一定的压力来微调下降的速度或终止下降，以达到逃生的目的。经实际测试，人体质量为 $25\sim50kg$ 时，可扭绳 4 圈；人体质量为 $50\sim75kg$ 时，可扭绳 $4\sim5$ 圈；人体质量为 $75\sim100kg$ 时，可扭绳 5 圈。

该作品主要采用了功能组合创新法，将一个滑轮机构与凸轮压块机构组合到一起；同时还采用了自服务的原理，即同一钢丝绳在经过滑轮改变运动方向后再扭合到一起，利用钢丝绳自身扭合段之间的摩擦力作用，来减缓下降运动速度。此时，摩擦力的大小还与人体的质量正相关，这样可以达到用自身体重来增加摩擦力的作用，从本质上讲，这也是一种自服务。

综上所述可以看出，创新并不是没有章法的胡乱设计。它需要一定的理论基础知识和机械方面的知识，需要熟悉各种创造性思维方式与创新技法，需要精力体力上的付出等等。创新虽然不那么简单，也并非何等神秘，只要具备上述条件，相信就能设计出好的产品。

大多数创新设计的灵感都是来自于已有产品的,完全凭空想象或从头设计起来的产品少之又少。创新的程序不是固定的,但大体上也能摸出一定的规律,其流程大概如图 10.40 所示。

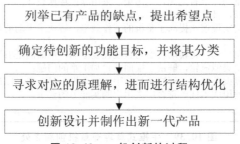

列举已有产品的缺点,提出希望点

确定待创新的功能目标,并将其分类

寻求对应的原理解,进而进行结构优化

创新设计并制作出新一代产品

图 10.40　一般创新的过程

10.2.10　新型液压拨道器设计

1.拨道器工作过程分析

使铁轨在水平面内向左或向右移动,称为拨道作业,其目的是清除线路方向偏差,使曲线圆顺、直线直。用于拨道作业的机具叫拨道器。

目前铁路现场使用的液压拨道器如图 10.41 所示,钢轨搁在摆杆上,在拨道过程中,作用在摆杆上的力既与拨道量成正比,也与道床的阻力有关,适量的轨道提升(起道)能降低拨道力和减少拨道量的回弹。

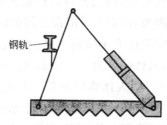

钢轨

图 10.41　现行拨道器结构原理

钢轨在拨道过程中的运动轨迹为一圆弧,如图 10-42 所示。轨迹的垂直分量为起道量,水平分量为拨道量。在作业过程中,随着拨道量的增大,起道量也逐渐增大,当拨道量为 AD 时,起道量为 DA'。而铁道施工现场要求起道量不超过某一极限值(一般为 30mm),如 DA 距离允许的起道量为 H,现行的拨道器显然已超过起道量(超量值为 $DA'-H$),这是线路维修作业时所不允许的。

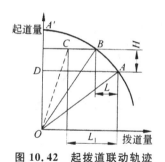

图 10.42　起拨道联动轨迹

2. 拨道器的创新设计构思

如图 10.42 所示,现场作业中需要将起道量限制在 H 范围内,即当拨道量超过 L 达到 L_1 时,起道量不能增加。这样当钢轨在水平方向拨道量由 L 变为 L_1 时,摆杆长度必须由 OB 变成 OC,故创新点的实质就是摆杆要有自动伸缩功能。

3. 创新构思的实现

实现上述的创新构思,可有如下机械结构方式。

(1)采用螺杆螺母机构。为使摆杆长度可变,可采用螺杆螺母机构。在拨道时,同时转动螺杆使其缩短,这虽然可解决超量拨道的问题,但改变了传统的作业方式,增加了一个输入动作,而且两个动作协调困难。

(2)采用连杆机构。当拨道达到一定程度时,实现钢轨的水平移动,这虽然部分解决了超量起道的问题,但结构明显变复杂。

4. 采用液压拨道器

为使摆杆的长度随起道量自动变化,设计出一种新型液压拨道器,如图 10.43 所示。它用可伸缩油缸代替原摆杆,并将两个油缸的油腔按图示方式连接起来,这样既解决了摆杆自动缩短、避免超量起道的问题,又使起、拨道交替进行,先起后拨,使起、拨道的能量互相利用,做到拨不动就起,起到一定程度后再拨。

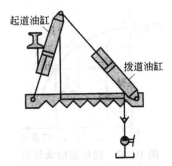

图 10.43　新型拨道器结构原理

通过以上设计方案的实现,证明新型液压拨道器具有如下特点。

(1)系统采用双作用油缸,提高了工作效率。

(2)系统实现起、拨道之间的自动转换,起拨道量符合现场实际情况。

(3)系统实现起、拨道之间的能源共享,节约能源,且具有高效平稳的特点。

参考文献

[1]高志,黄纯颖.机械创新设计[M].2版.北京:高等教育出版社,2010.

[2]王红梅,赵静.机械创新设计[M].北京:科学出版社,2011.

[3]丛晓霞,冯宪章.机械创新设计[M].北京:北京大学出版社,2008.

[4]徐启贺.机械创新设计[M].2版.北京:机械工业出版社,2016.

[5]张有忱,张莉彦.机械创新设计[M].2版.北京:清华大学出版社,2018.

[6]罗绍新.机械创新设计[M].2版.北京:机械工业出版社,2007.

[7]汪哲能.机械创新设计[M].北京:清华大学出版社,2011.

[8]张春林,李志香,赵自强.机械创新设计[M].3版.北京:机械工业出版社,2016.

[9]张美麟,张有忱,张莉彦.机械创新设计[M].2版.北京:化学工业出版社,2010.

[10]王树才,吴晓.机械创新设计[M].武汉:华中科技大学出版社,2013.

[11]李助军,阮彩霞.机械创新设计与知识产权运用[M].广州:华南理工大学出版社,2015.

[12]于慧力,冯新敏.机械创新设计与实例[M].北京:机械工业出版社,2017.

[13]杨家军.机械创新设计技术[M].北京:科学出版社,2008.

[14]贾瑞清,刘欢.机械创新设计案例与评论[M].北京:清华大学出版社,2016.

[15]张士军,李丽.机械创新设计[M].北京:国防工业出版社,2016.

[16]陈继文,杨红娟,陈清朋.机械创新设计及专利申请[M].北京:化学工业出版社,2018.

[17]邹慧君,颜鸿森.机械创新设计理论与方法[M].2版.北京:高等教育出版社,2018.

[18]史维玉.机械创新思维的训练方法[M].武汉:华中科技大学出版

社,2013.

[19]张学昌.逆向建模技术与产品创新设计[M].北京:北京大学出版社,2009.

[20]陈继文,杨红娟.知识工程与机械创新设计[M].北京:化学工业出版社,2016.

[21]温兆麟.创新思维与机械创新设计[M].北京:机械工业出版社,2015.

[22]游震洲.机械产品创新设计[M].北京:科学出版社,2018.

[23]沈景凤.高等机械设计课程实践与创新设计[M].北京:化学工业出版社,2016.

[24]闻邦椿.机械设计手册单行本:创新设计与绿色设计[M].北京:机械工业出版社,2015.

[25]邹旻.机械设计基础实验及机构创新设计[M].北京:北京大学出版社,2012.

[26]闻邦椿.创新设计方法论详析[M].北京:机械工业出版社,2016.